RECHERCHES

SUR

LES PRINCIPAUX ABUS

QUI S'OPPOSENT AUX PROGRÈS

DE L'AGRICULTURE.

Le produit de cet Ouvrage est destiné
à des Prix d'encouragement pour
l'Agriculture.

RECHERCHES

SUR

LES PRINCIPAUX ABUS

QUI S'OPPOSENT AUX PROGRÈS

DE L'AGRICULTURE.

PAR M. ROUGIER DE LABERGERIE,

Seigneur de Bleneau, Correspondant de la Société royale
d'Agriculture, etc. etc.

Le laboureur en paix coule des jours prospères;
Il cultive le champ que cultivaient ses pères,
Ce champ nourrit l'état, ses enfans, ses troupeaux.

Trad. de Virg. par M. l'abbé DE LISLE.

A PARIS,

DE L'IMPRIMERIE DE MONSIEUR.

Et se trouve

Chez BUISSON, Libraire, rue des Poitevins, Hôtel
de Mesgrigny.

M. DCC. LXXXXVIII.

AVEC APPROBATION, ET PRIVILÉGE DU ROI.

RECHERCHES

Sur les principaux abus qui s'opposent aux progrès de l'agriculture, et les moyens d'y remèdier.

INTRODUCTION.

Entreprendre d'écrire sur tous les abus, ce serait se préparer à parcourir une carrière bien immense. Les abus sont inséparables de toute existence civile ; le meilleur gouvernement est celui qui en renferme le moins : on ne doit donc pas s'étonner d'en voir un très-grand nombre dans le royaume, soit à cause de son étendue et sa nombreuse population, soit par la complication des différentes parties de l'administration publique, soit enfin par la diversité des opinions, des mœurs, des lois, des coutumes et usages de chaque province. De cette diversité naît la nécessité de promulguer autant de lois, de rendre autant d'ordonnances qui puissent se concilier avec elles, de défendre dans un canton ce qu'on est forcé de permettre

A

dans un autre, source intarissable d'abus dans les pays limitrophes de ces prohibitions locales.

Mais ce qui doit le plus étonner, c'est que dans tous les tems, les efforts et les soins pour en détruire se soient portés sur des objets presque étrangers au bonheur et à la prospérité des peuples : car quelle immensité de lois, d'ordonnances, de règlemens, d'arrêts des cours et du conseil, pour ordonner et déterminer sur des plans fixes et combinés sous tous les rapports possibles, des statuts de maîtrises, arts et métiers, pour établir des droits de préséance ou prérogatives ; pour circonscrire certaines provinces dans le débit de telle ou telle denrée, et en réduire d'autres, disait-on, en pays étrangers ; enfin pour favoriser et rendre exclusif le commerce des productions venant de l'étranger, et qui sont presque indigènes à notre climat.

L'agriculture seule, la nourrice de la patrie, a été oubliée, et abandonnée jusqu'à ce jour aux soins et aux travaux des paysans, que la fiscalité n'a cessé d'obséder ou de tyranniser. Cependant, de tous les abus, il n'y en a pas qu'il soit plus important d'observer , d'attaquer et d'arrêter , que ceux qui sont relatifs à cet art utile ; car de lui dépendent la force et la puissance : le bourgeois, le magistrat, le gentilhomme, le grand seigneur et les princes , n'ont de richesses réelles et solides que dans leurs biens-fonds ; une fausse spéculation , un système dangereux , la manie des richesses représentatives que l'opinion du siècle a malheureusement trop accréditées , peuvent en un moment faire évanouir une fortune immense : avec une terre , ou telle autre propriété foncière , le revenu est toujours sûr, une calamité même ne peut entiérement l'anéantir. Faisons donc abstraction de ces richesses fictives et fantastiques , que le luxe , l'oisiveté et les systêmes ont fait imaginer, et qui ont un tel empire , que le sage et le philosophe même, malgré l'austérité de leur principes, ne peuvent s'empêcher d'accueillir , à moins que comme Diogène ils ne veuillent renoncer au commerce des hommes, sur-tout dans la capitale.

Il serait téméraire sans doute d'attaquer un corps d'ennemis, aussi redoutable d'où émanent tant d'abus préjudiciables à l'agri

culture ; mais, pour me servir d'une com-
paraison, il faut imiter l'enfant prisonnier,
qui, ayant une corde à rompre, a la pa-
tience et la prudence de délier et d'ôter gra-
duellement chaque brin de chanvre, jusqu'au dernier, qu'il rompt très-aisément.

Tout dans un état, comme dans une
nombreuse famille, doit se correspondre
et aboutir au bien commun ; le plus léger
abus, lorsqu'il est généralement multiplié,
même dans la moindre classe du peuple,
doit être réprimé ou modifié, parce que
le mal se propage, et comme s'il était con-
tagieux, la classe immédiatement au dessous s'en ressent, et le communique aux
autres. Quelle immensité de richesses se
répandraient dans le royaume et chez
l'étranger, si l'agriculture était active,
honnorée, et débarrassée des entraves
des préjugés et de l'obsession des impôts ! La population, alors nécessairement plus nombreuse, rendroit la culture
florissante, même dans les endroits qui
n'ont jamais vu ni la charrue, ni la houe
du laboureur, ainsi que notre puissance
constamment redoutable et invincible. Ces
heureux effets que nous sommes fondés à

espérer ne sont point imaginaires ; et s'ils pouvaient être-problématiques un seul instant aux yeux de celui qui ne connaît que la capitale et les grandes villes, j'invoquerais le témoignage de l'histoire de toutes les nations policées, et en particulier de l'ancienne Rome, tant que l'agriculture y a été honorée et protégée ; de l'Angleterre, de la Suisse, de l'île de Malte, où le colon libre, honoré et protégé, va chercher de la terre en Sicile, pour couvrir ses arides rochers ; je prierais de jeter les yeux sur les contrées de l'Egypte, sur les anciennes républiques de la Grèce, autrefois si peuplées, si fertiles, et aujourd'hui des déserts inhabités ; sur la Turquie, que les nations voisines nourrissent ; sur l'Espagne enfin, après la découverte du nouveau-monde, malgré les montagnes d'or et d'argent qu'elle en a rapportées.

Déja la masse énorme des abus, en croulant sous son propre poids, a fait sentir la nécessité de relever l'agriculture ; l'heureux choix des membres du ministère, de celui sur-tout qui a la principale influence, et à qui l'habitant de la campagne est si cher, LES ASSEMBLÉES PROVINCIALES, nous annoncent la plus heureuse révolution.

A iij *

C'est dans des circonstances aussi précieuses à notre patrie, que j'ai cru devoir faire part de mes observations, toutes relatives au bien de l'agriculture, et que j'ai méditées dans le silence et le calme que goûtent ceux qui ont le bonheur d'avoir une terre, et la sagesse d'aimer la campagne et ses travaux.

Le désir d'être utile à mes concitoyens et aux laboureurs, de m'acquitter envers la société royale d'agriculture, du tribut que lui doivent tous ceux qu'elle admet à ses travaux, m'a seul guidé. Si j'ai erré, si à quelques égards je m'expose à devenir l'objet d'une critique (car qui peut se flatter d'assortir un régime ou une opinion à la prodigieuse et fatale diversité de nos provinces?), ma réponse est déja faite.

Si quid rectius istis . . . . Candidus imperti.

CHAPITRE PREMIER.

De la nécessité d'honorer le laboureur.

TANT que l'honneur commandera les Français, ils seront toujours invincibles aux armées et infatigables dans les travaux. Il est le plus bel apanage de la nation ; il lui donne la prééminence sur tous les peuples de l'univers. C'est au sentiment de l'honneur que le Français doit son urbanité, sa loyauté et son courage ; c'est par lui qu'il est aimé et estimé de toutes les nations : car en est-il où il n'y ait pas de Français ? Quand il le perd, il est inconsolable, et quand on le lui refuse sans avoir démérité, il semble avoir perdu la plus noble partie de son existence, il languit tristement. Ah ! que cette considération devrait bien occuper les tribunaux, quand ils l'enlèvent à un Français !

Par quelle fatalité l'état de laboureur, si respecté, si vénéré dans les premiers temps de splendeur de la république romaine, a-t-il été ensuite méprisé, et les laboureurs traités comme des bêtes de somme, pendant les siècles de la barbare féodalité ? Pourquoi sont-ils encore aujourd'hui, ou avilis, ou si peu considérés? Il ne faut attribuer cette étrange révolution, qu'à la fausse opinion que l'or est la plus solide et la plus réelle richesse de la société, et qui par suite a fait mépriser la noble profession de l'agriculture. Il y a cent ans qu'un descendant d'Armagnac n'eût pas épousé la fille d'un publicain, uniquement parce qu'elle était riche; l'amour a fait faire quelques écarts en ce genre à nos nobles et preux chevaliers, mais jamais la soif de l'or. Si, sous le règne de Louis XIV même, on eût proposé à un militaire d'être fermier général, il s'en fût offensé : aujourd'hui nous voyons des chevaliers de S. Louis solliciter ces places. En un mot, les places de finances sont l'objet des plus hauts désirs, par la raison seule qu'elles enrichissent promptement. Un fils de laboureur croit avoir fait un grand pas dans la société, que d'être clerc de procureur ou commis aux aides, parce que l'une de ces places peut le conduire à une fortune rapide ; les noms de *charrue* et de *fumiers* lui importunent les oreilles, et il en rougit même, si quelqu'un ose lui rappeler son premier état. Dans les provinces, tel bourgeois se croit plus que tel autre, parce que les parens de ce dernier sont laboureurs. Enfin je n'ose pas dire qu'aux yeux du vulgaire, les paysans laboureurs n'occupent que le dernier rang dans l'ordre classif de la société. Comment le gouvernement a-t-il pu s'endormir si long-tems sur l'état de l'agriculture, la mère de la patrie, et ne se réveiller que pour favoriser le commerce, qui n'est que l'objet secondaire digne de son attention ?

L'histoire, ce guide sûr, parce que la vérité est son flambeau, nous avertit sans cesse, par les révolutions qui ont bouleversé les états, qu'il n'y en a eu de stables et d'inébranlables que lorsque l'agriculture y a été honorée et protégée. Ces fameuses républiques de la Grèce, tant qu'elles n'ont pas eu le malheur de ne s'adonner qu'au commerce, et les premiers Romains, n'ont-ils pas été invincibles et heureux, lorsque tous les citoyens sans exception, les magistrats, les chefs d'armées se livraient à la culture des terres ? Ils quittaient *d'eux-mêmes* les premières charges de l'état pour retourner à la charrue, et il fallait *aller les chercher* pour leur donner le commandement des armées.

De temps en temps on a vu paraître quelques lois relatives à l'agriculture ; on a même favorisé la population par des exemptions maintenant inusitées; mais leurs effets ont été presque insensibles : il ne fallait qu'honorer le laboureur, lui assigner un rang distingué dans la société, l'appeler même aux charges municipales, quand il en eût été capable; l'agriculture alors eût plutôt manqué de terrain que de cultivateurs.

Combien d'artistes occupés à des métiers frivoles, combien d'oisifs et de fainéans dans toutes les classes, combien de *valets* enlevés par le luxe des villes, voués à l'oisiveté, source de tous les maux qui affligent et tourmentent la société, qui auraient cultivé la terre! Combien de découvertes précieuses se seraient faites, si les gens instruits d'ailleurs n'eussent pas dédaigné la charrue! Eh ! que pouvait-on en effet espérer de simples paysans, à peine maîtres de leur personne, et avilis à leurs propres yeux par le préjugé pour leur état? Car les *lumières* et le *génie* ne se développent que là ou règnent *l'aisance*, *l'honneur* et *la liberté*.

Les nègres sont hommes comme nous, qu'ont ils fait? ... Mais, hélas ! que ne feraeint-ils pas, si on voulait cesser d'outrager la nature? ...

Le beau nom de Cincinnatus, qui à tant honoré l'agriculture, et qui devrait être connu de tous ceux qui manient la charrue, ne l'a été pendant long-temps que de ceux qui lisent l'histoire. Heureusement, une nation naissante l'a fait revivre pour en décorer les militaires ; il ne manque plus au bonheur de l'ame de ce héros, que d'en décorer le laboureur. Peut-être verrons nous bientôt cette heureuse révolution ; tout nous porte à le croire : le ministère s'occupe avec une sérieuse attention de tout ce qui a rapport à l'agriculture ; des sociétés s'établissent dans toutes les provinces sous la protection du roi, et toutes tendent à faire fleurir cet art qui devrait être le plus perfectionné, et qui est encore au berceau dans la majeure partie de la France.

Sa Majesté elle-même se fait un plaisir de suivre la culture des terres à *Rambouillet* ; elle se dérobe souvent au faste et à l'obsession des affaires et des courtisans, pour suivre en détail tous les soins que nécessitent le labourage et les autres travaux champêtres, *et elle accueille avec bonté les laboureurs.*

O vous qui les dédaignez ou les méprisez,

rougissez donc de votre absurde préjugé, et rendez hommage à la noble et utile leçon que vous donne notre souverain. Aimez et honorez ces honnêtes citoyens, que couvrent des habits grossiers et rustiques, mais dont le cœur et aussi pur que leurs travaux sont utiles : soyez enfin moins faciles à prodiguer tant de caresses et d'encens à des hommes intérieurement dépravés, puisque l'or est tout à leur yeux, et qu'un fatal préjugé vous porte à accueillir et considérer, uniquement parce qu'ils sont superbement parés et qu'ils ont beaucoup d'argent.

Ne sait-on donc pas que l'immense royaume de la Chine, où la population est presque incalculable, ne doit son immuable et florissante constitution qu'à l'agriculture, qui y est vénérée, et que la plus auguste, la plus pompeuse cérémonie de l'empire, est celle où *l'empereur conduit la charrue.*

Que nous sommes loin de cette considération, que la raison, la sagesse et l'exemple, la plus utile de toutes les leçons, nous dictent d'imiter! Dans le Limousin, le Berri, l'Auvergne, le Bourbonnais, le Poitou, et sur-tout dans les provinces de droit écrit, le laboureur

ou métayer n'y a presque pas d'existence ;
il est dédaigné ; l'artisan même ne le fré-
quente pas ; le bourgeois le traite durement,
et se croirait déshonoré de manger avec lui :
il n'y a pas de tailleurs , serruriers , cordon-
niers , bouchers même, qui ne se croient au
dessus du laboureur , et qui ne le lui disent , ou
ne le lui fassent sentir toutes les fois que l'occasion s'en présente. Dans les processions publiques, les laboureurs suivent par tourbe , et
ces messieurs ci - dessus sont en rang avec
la municipalité.

Dans la Brie, au contraire, dans la Beauce,
une partie de la Picardie , et sur-tout dans la
majeure partie de la généralité de Paris, les
terres y sont industrieusement cultivées , et
sans être d'un sol supérieur à celui de tant de
provinces , les récoltes y sont presque toujours abondantes : les ressources du débit en
sont en partie cause ; mais tout ne s'y récolte
pas pour Paris ; la principale cause provient
de ce que tous les laboureurs y sont considérés, et qu'ils aiment presque tous leur état.
A Paris, ils jouissent de la même considération,
et souvent un laboureur obtient plutôt une
audience d'un grand seigneur , qu'un financier.

Je dois, à cet égard, un hommage bien mé-
rité à M. l'intendant de Paris. Lorsque ce
magistrat visite sa généralité, ce qu'il fait
deux fois par an (et ce qui ne se fait pas même
une fois dans tant d'autres), il accueille
les paysans et laboureurs avec une affabi-
lité qui met tous ces braves gens à leur aise ; il
s'entretient d'agriculture avec eux ; il les
consulte même, et prend par écrit leur avis ;
enfin il les fait asseoir à table à côté de lui,
en leur distribuant au nom du roi, des mé-
dailles, d'après le témoignage de leur propre
confrère.

Louis XII, Charles V, Henri IV, roi dont
le pauvre a gardé la mémoire, Louis XIV,
ont tous donné des lois pour favoriser et
augmenter la population ; *Sully*, ne la
désirait que pour la culture des terres, et
Colbert n'avait en vue que le commerce
et l'établissement des manufactures de soie,
qui ont ruiné sourdement les fondemens de
l'agriculture, et nous ont rendu tributaires de
sommes immenses chez l'étranger, jusque
dans la Chine et le Japon, d'où elles ne re-
viennent jamais. Mais aucune loi n'a eu
pour objet de donner un rang dans la société aux laboureurs, et de leur faire aper-

cevoir que leur état, bien loin d'être avilis-
sant ou avili , était le plus honorable après
celui des armes.

Ne serait-il pas à désirer que le gouvernement s'occupât d'un objet aussi important ,
dont les moyens sont si faciles et si peu coûteux ; qu'il renouvelât les lois qui assureraient des exemptions lorsque les laboureurs
auraient un certain nombre d'enfans : car,
qu'on y fasse bien attention , le paysan est presque insensible au désir de la population ; je
les ai entendu dire souvent, lorsqu'un de leur
enfans mouroit : *Ah! il est plus heureux que
moi.* Il serait si facile de régler leur rang,
de leur accorder la prééminence au moins
sur les artisans, dans les cérémonies parois-
siales , de créer pour eux un ordre , ou de
Cincinnatus , ou du *Roi pasteur,* pour ceux
qui se distingueraient , soit par une culture
soignée et prouvée par la beauté des récoltes , soit par une éducation soutenue de bêtes à
laine ou d'autres bestiaux , soit en naturalisant
dans leur climat une plante ou semence étrangère , reconnue pour être d'une utilité générale , pour ceux sur-tout qui auraient le témoignage d'une probité intacte et de l'amour
de la religion , ou qui auraient le bon esprit

de s'écarter de la routine de leur canton ,
pour adopter un procédé évidemment meilleur que celui qu'ils pratiqueraient. Le roi
ne dédaignerait pas de protéger l'ordre ,
j'en suis bien sûr, et les princes et les grands
ne tarderaient pas d'imiter le roi pasteur ;
l'exemple des rois, en général , fut toujours
le modèle des courtisans, dont l'empire fut
tel sur ceux d'Alexandre , qu'ils firent tout ce
qu'ils purent pour se faire pencher la tête sur
l'épaule , comme celle de leur maître.

Je ne dois pas finir cet article sans parler
des bousbots ou vignerons de Besançon ;
M. l'abbé Rozier en a fait un article séparé
dans son *Cours complet d'Agriculture*, parce
qu'il est persuadé que toute profession honorée est sûre de fleurir ; et l'opinion de ce
zélé citoyen, à qui l'agriculture aura de grandes
obligations , ne peut qu'être d'un grand
poids.

Les bousbots aux environs de Besançon,
sont des vignerons dont la classe est la plus
considérée après la noblesse , ils sont admis
à l'administration publique. Dans chaque
tribunal, composé ordinairement de quatre
magistrats , il y a toujours deux bousbots,
Ces braves gens rendent la justice conjoin-
tement

tement avec les officiers municipaux, et de leur tribunal ils retournent à leur vigne, satisfaits d'avoir appaisé ou prévenu une querelle.

L'établissement de ce tribunal et la vénération publique ont fait naître en eux un esprit de droiture et d'équité, qui se transmet de race en race, et les porte à veiller continuellement sur eux-mêmes, pour mériter le même honneur. Qu'est-il résulté de cette profession honorée? Les vignes y sont mieux cultivées et mieux soignées que dans aucunes provinces; ils aiment et chérissent leur état, ils sont fiers même de leur sorte de rusticité; ils n'ambitionnent pas ces vaines charges que partout ailleurs les parvenus recherchent avec tant d'ardeur; ils ont le bonheur de voir et de sentir, qu'étant aimés, honorés, et utiles à leurs concitoyens, ils n'ont rien à désirer pour être heureux. Ces tribunaux seraient-ils donc plus difficiles à établir dans les autres provinces, pour y faire naître le même honneur et les mêmes effets? Sans doute bien des baillis ou officiers municipaux trouveraient étrange qu'on fit asseoir à côté de leur siége jurisdictionel, un ou deux laboureurs, qu'ils ont jusqu'alors si peu considéré ; mais l'exemple de ceux qui auraient le bon esprit de le faire , ferait peu-à-peu d'heureux progrès : le bien qui en résulterait est démontré. Former des vœux pour qu'il se réalise , c'est en former pour la perfection de l'agriculture et pour la prospérité de l'état.

CHAPITRE II.

D'une dixme royale.

Sɪ les sentimens sont si variés sur la forme
et les effets d'une imposition générale , il
ne faut pas en attribuer la principale cause à
la diversité des intérêts, qui trop souvent sont
la mesure des actions et des opinions? L'erreur ou la prévention d'un autre côté peuvent faire illusion , et faire adopter une mé-
thode qu'on croit bonne exclusivement à toute
autre , et qui, bien approfondie et développée
selon les vrais principes, devient ou fautive
ou impraticable ; mais si du choc des opinions sort la vérité, j'ose prendre la liberté ,
sans avoir l'orgueil d'être exclusif, d'exposer
celle qui m'a paru la plus convenable, ainsi
qu'à bien d'autres : les progrès de l'agriculture, le sort du pauvre agriculteur, sont les
seuls motifs de mes observations; elle n'a
de commun avec celle écrite par M. le maréchal de Vauban, que le nom et les rapports avec les productions décimables par
leur nature. La dixme royale proposée par
ce vertueux et brave militaire, embrassait
trop d'objets d'innovation, qui portaient sur

B ij

toutes les classes sans distinction de rang et de naissance , et la réforme qu'il indiquait eût inquiété et agité la nation entière , réduit à la misère une foule d'hommes employés par le ministère ou les agens du fisc; en un mot tout eût porté l'empreinte de la dixme royale , les professions , les arts , les métiers , les domestiques , les hommes à talent même y eussent été assujétis par leur état. Peut-être ce régime eût prévenu bien des maux , bien des vexations; mais dans un royaume tel que la France , l'intérêt ou l'argent n'est pas le principal objet qui doit occuper , l'honneur et les prérogatives sont également essentiels à ménager et même à créer. Je n'entends nullement critiquer le projet de ce généreux citoyen , dont le zèle et l'amour du bien public doivent nous inspirer de la reconnaissance , même pour ses erreurs , parce qu'elles dérivent de la même source. Enfin , M. de Vauban écrivait dans un temps ou l'opinion publique était bien différente de celle du siècle actuel.

Alors le clergé s'occupait sans cesse de son indépendance , de formules ou de vaines prérogatives; et si les besoins de l'état le

(21)

forçaient à contribuer pour une somme extraordinaire , il fallait dire et écrire qu'il
la donnait gratuitement. Aujourd'hui tous
les membres se regardent et sont regardés
comme de loyaux sujets du roi ; et le sacrifice qu'ils ont fait de certains droits ou de
quelques prérogatives , ne les rend que plus
respectables aux yeux de toute la nation ,
et plus cher au roi , qui , par le choix qu'il
a fait de son principal ministre , n'a pu en
donner une preuve plus éclatante et plus désirable pour le bonheur des peuples , qui ap-
pelaient depuis long - temps ce prélat au
ministère.

Alors les gentilshommes méprisaient tout ,
ou du moins prisaient peu de choses, hors
leur épée ; aujourd'hui tous les grands seigneurs s'empressent à être et devenir les protecteurs des arts et des sciences ; ils ambitionnent même d'être comptés parmi les artistes ou les savans ; ils se sont rapprochés de
la condition du paysan qu'ils savent apprécier, et par - tout ils ont renoncé à ces droits
exhorbitans inventés par l'oisive et barbare
féodalité ; ils ont osé enfin depuis quelques
temps se mêler directement des détails de
l'économie rurale : s'ils aiment toujours bien

leur épée , ils savent aussi respecter et faire respecter la charrue. Ne devons-nous pas cette heureuse révolution à la liberté sage d'écrire et de révéler les vérités , à la douce et tolérante philosophie de plusieurs grands hommes , respectés par ceux même qui , par leurs charges , étaient leurs ennemis? Enfin bientôt nous devrons notre prospérité , le retour à la vraie richesse , à la masse énorme des abus et des vexations , dont la mesure est à son comble , et qu'il n'est pas au surplus étonnant de voir exister dans un régime aussi immense et aussi compliqué que celui des revenus de l'état , et qu'il serait si important de simplifier , si on veut les éviter.

Puisque enfin toutes les terres sans exception sont assujéties au tribut public, une dixme royale paraît réunir tous les avantages d'une imposition générale et uniforme , et plus que suffisante , selon toutes les apparences , pour suppléer aux impositions territoriales.

Examinons d'abord les principales objections qui ont été faites sur les impositions de cette sorte.

Première Objection.

On a dit que l'agriculture en souffrirait, parce qu'on enlèverait aux cultivateurs des pailles qui leur sont nécessaires pour les fourrages et pour les engrais.

Si cela était vrai, l'objection serait de la première importance, car les engrais sont la base de l'agriculture; mais elle est nulle dans ses effets pour le cultivateur, et fausse à l'égard de l'agriculture.

Parcourons les différentes positions où peut se trouver le propriétaire de terres dans la double hypothèse que la dixme royale existe ou qu'elle n'existe pas.

1°. La dixme royale n'existant pas, le cultivateur est rigoureusement obligé de payer ses impositions en argent: s'il est riche ou aisé, il s'acquitte aussitôt de sa dette; mais cet argent ne lui vient principalement que de la vente de ses bestiaux, de ses grains, ou de ses denrées; car heureusement dans les campagnes on ne connaît pas les mots, ni le jargon des banques ou tout autre système financier; ainsi, voilà donc des grains vendus pour avoir de l'argent, qu'il emploie tout ou en partie à payer ses impositions : oublions pour un instant la paille.

S'il est sans argent lorsque les collecteurs se présentent pour la dernière fois, des frais de commandement, de saisie, d'exécution, la vente de ses meubles et de ses fruits sont les suites de son indigence.

2°. Une dixme royale existant, le cultivateur paie en une seule fois avec de la paille et du grain, qui ne lui coûteront plus de frais de transports ni d'exploitation, une dette en argent, rigoureusement exigible et très-rigoureusement exigée à époque fixe : il en résulte, il est vrai, qu'il a un peu moins de grains et de paille ; mais quant aux grains on est forcé de convenir qu'il lui est ordinaire de les vendre, c'est sa monnaie de change : ainsi reste la paille qu'il faut suivre dans sa consommation.

Ou il l'eût vendue, ou il eût pu s'en passer, ou il serait forcé d'en acheter : les deux premières suppositions sont senties et jugées indifférentes ; quant à la troisième, ou il a de l'argent pour en acheter, ou il en manque : s'il en a, il ne souffre aucun dommage, puisqu'il peut acheter de la paille pour beaucoup moins d'argent, peut-être, que

ne montait sa cote de taille ; s'il en manque , il peut , à son aise et sans contraintes,
différer jusqu'au moment qu'il pourra en
avoir ; il peut encore en trouver à crédit ,
et les porte - rôles n'accordent ni délai , ni
crédit : enfin son industrie peut la lui faire
suppléer, soit par les feuilles, les fougères ,
les algues , les ajoncs et les bruyères, qu'il
négligeait auparavant. Mais allons plus loin ;
quel motif porte à regretter pour le cultivateur la paille d'une dixme royale ? Est - ce
parce qu'elle diminue d'autant ses engrais ?
Mais ne connaît-on que l'engrais animal en
agriculture? ne peut-on pas suppléer, ou plutôt
ne supplée-t-on pas par-tout au déficit des
fumiers par les terreaux des cours , des fossés,
par la chaux , la craie , la marne , et sur-
tout par la perfection des labours ? L'homme
laborieux ne manque jamais d'industrie et
de ressource pour fructifier son champ. Est-
ce à cause des fourrages ? mais les prairies
artificielles ne suppléeraient-elles pas avec un
profit décuplé, à la prétendue perte de la
paille ?

3°. L'objection proposée est fausse relativement à l'agriculture.

Les pailles qui proviendraient d'une dixme

royale ne seraient pas plus perdues pour l'agriculture , que celles du décimateur du royaume ; car je ne crois pas que dans aucune province, on fasse commerce de paille au préjudice de l'agriculture , à moins qu'un jour à venir on ne l'emploie à chauffer les fours pour cuire le pain , ce qui en certains endroits n'est peut - être pas bien éloigné ; mais en attendant cette fâcheuse ressource, on peut dire et assurer que toutes les pailles des fermiers de dixme se consomment dans la paroisse décimée , et rarement dans celle voisine. D'ailleurs il n'y aurait aucun inconvénient à rendre communs à toute la France , certains réglemens des cours , qui défendent le transport des pailles de dixme hors la paroisse , qu'après une époque connue de tous les habitans : ainsi on peut et doit conclure que l'agriculture ne souffrirait aucunement d'une dixme royale , et c'est le principal point à considérer en matière d'imposition ; elle y gagnerait au contraire : les petits propriétaires qui ne peuvent pas emblaver tous les ans , trouveraient chez l'adjudicataire d'une dixme royale un dépôt où ils pourraient acheter de la paille, que les propriétaires n'aiment point à vendre ordinairement, et qui leur deviendrait bien utile, soit pour faire des engrais, soit pour d'autres usages nécessaires en économie rurale ; enfin le pauvre et le riche trouveraient un débit assuré de partie de ses grains, débit qu'il n'a pas tous les ans, débit qu'il est forcé de réaliser chaque année pour avoir de l'argent ; car on doit plutôt calculer sur les années d'abondance que de disette, et cette calamité ne sera jamais à craindre tant que l'agriculture sera protégée.

IIe. OBJECTION.

On a dit que la perception d'une dixme royale serait très-difficile, en quelques endroits impraticable, et par-tout très-dispendieuse.

Je ne sais s'il y a un pays, une seule paroisse, où les décimateurs ne trouvent pas de fermiers pour lever leur dixme ; mais j'ai toujours vu dans les provinces que je connais, qu'aux adjudications des dixmes et terrages, il y avait toujours beaucoup de concurrens ou solvables, ou présentant caution : la même concurrence, la même solvabilité, existeraient pour une dixme royale ;

l'espoir de faire quelques profits, l'occasion de placer utilement une somme, les ressources d'une sorte de spéculation sans quitter ses foyers, enfin la permission aux gentilshommes de s'en rendre adjudicataires, sont autant de motifs principaux qui feront trouver des fermiers. Quant à la solvabilité, les précautions sont simples et faciles, comme pour les collecteurs.

Les envoyés des recettes seraient donc inutiles. L'adjudicataire serait tenu de les porter ou faire porter directement au chef-lieu de l'élection, si toutefois on juge cette première filière bien nécessaire ; ou à la ville capitale du canton ou de la généralité, et mieux encore, directement au trésor royal, s'il s'y soumettait.

Où pourraient donc se trouver ces grands frais de perception et de régime ? Il ne pourrait y en avoir qu'à la charge de l'adjudicataire, mais aucune pour l'état. Je sais bien qu'on a dit que les profits de l'adjudicataire seraient une charge considérable pour les cultivateurs : la réponse à cette objection (si toutefois c'en est une) est déjà faite par l'exposé de la perception, et par celui des maux qu'entraîne la levée des tailles. Mais si un adjudicataire a le droit de faire quelques profits, n'a-t-il pas des risques à courir ? n'est-il pas exposé à la baisse du prix des grains, à celle de la paille, qui peuvent varier tous les ans, aux intempéries des saisons? D'ailleurs, et pour rétorquer cette prétendue objection, il est démontré que le cultivateur ne souffre aucun dommage en payant sa taille en nature ; il est démontré au contraire qu'il y gagne : les profits que peut faire un adjudicataire sont donc d'une considération absolument nulle à son égard. Enfin ceux qui ont imaginé qu'une dixme royale entraînerait de grands frais, pensaient-ils donc à l'établissement d'un privilège exclusif pour quelques compagnies de financiers? A Dieu ne plaise que jamais un pareil monstre s'élève dans les campagnes! mieux vaudroit encore y voir quelques harpies. Cette idée n'a pu venir que dans la tête d'un spéculateur qui n'a jamais passé les barrières de Paris, et elle ne mérite pas de réfutation.

III.e OBJECTION.

On a dit encore qu'une telle imposition n'assurerait pas un revenu fixe à l'état, en ce qu'il dépendrait du colon de cultiver sa terre ou de la laisser en jachère.

La réfutation sera aussi facile que péremptoire. Je ne crois pas qu'il y ait un cultivateur assez absurde et assez inconséquent, de se priver de vingt ou vingt-deux gerbes de blé, pour n'en pas payer une au roi. Il y a eu en France des droits bien plus exhorbitans, qu'on appelle *terrage*, ou *champart*, droit qui se perçoit tantôt d'une gerbe sur douze; ailleurs sur huit, six et même quatre; car je le paie ainsi à des bernardins pour des obits. Cependant quelque dur que soit ce droit, le terrain n'en est pas moins cultivé à chaque saison. Quelques précautions de détail dans le régime, préviendraient toutes ces craintes, qui d'ailleurs s'anihileraient, si l'agriculture est honorée et protégée comme nous devons tous l'espérer.

Il me semble que de toutes les impositions il y en a peu qui présentent une perception plus facile, plus sûre, et qui puisse mieux se concilier au régime des provinces. La volonté du roi une fois manifestée, on ferait procéder, trois mois avant l'époque de la moisson, à l'adjudication de la dixme royale, aux conditions exprimées dans l'édit, qui pourraient varier dans les provinces, d'après les observations des assemblées provinciales, auxquelles il serait important d'en confier l'administration. Le résultat de ces adjudications envoyé au conseil, présenterait la somme totale à recevoir pendant la durée des baux, qui probablement ne pourraient être plus longs que de trois, quatre, ou six ans, parce que l'agriculture étant nécessairement protégée, elle ferait de vastes progrès, qui à chaque renouvellement augmenteraient le prix des adjudications, *sans surcharger le peuple cultivateur, puisque le droit serait toujours le même*, et qu'il est plus juste que les progrès de la culture des terres soient au profit de l'état, que de ses fermiers.

Cette considération est de la plus grande importance, puisque ce serait assurer à jamais la protection du gouvernement à l'agriculture, que de rendre les revenus de l'état

dépendans d'elle. On aurait continuellement
les yeux ouverts sur ses effets : delà les encouragemens multipliés, une protection spéciale pour le laboureur et les simples paysans ;
car la moindre classe du peuple et les différentes branches du revenu de l'état sont si
intimement liées, qu'il est impossible de rendre le royaume florissant sans leur secours :
cela est si vrai, que les masses énormes d'or
et d'argent versées au trésor royal, autrefois
par le système de Law, et de nos jours par
les emprunts ou tout autre système de finance, ont moins soulagé réellement les besoins de l'état, que n'aurait fait le moindre
encouragement en faveur de l'agriculture et
de l'agriculteur. Heureusement on s'est aperçu des dangereux effets des systêmes et des
spéculations de banque et d'emprunts ; déjà
le monstre de l'agiotage, fruit de l'oisive
et subtile cupidité, après avoir fait bien des
malheureux, est renversé.

Je ne me permettrai aucune réflexion
contre les emprunts ; mais il me semble qu'il
y a un moyen bien simple, et en même
temps bien authentique, pour apprécier ou
l'utilité, ou les dangers auxquels ils peuvent
exposer ;

exposer ; c'est d'examiner combien il y a eu de sommes fournies par la voie des emprunts, et combien il y en a eu qui ont été employées à faire des remboursemens : de cet examen il en pourrait résulter peut-être à la colonne des remboursemens un déficit qui causerait un effroi salutaire. Mais ne nous affligeons pas sur les effets des emprunts ; tout nous fait espérer que ces ressources absolument nécessaires, les moins vexatoires, utiles enfin dans des momens de crise ou de pénurie, cesseront d'exister lorsque l'état, riche par lui-même, c'est-à-dire par l'extinction graduelle de la dette nationale, par la réforme des abus, les améliorations, et sur-tout par les effets des impositions plus également réparties, pourra par lui-même suppléer à toutes les dépenses, et ramener l'argent à un taux moins excessif, plus égal avec celui des nations voisines, et qui puisse, comme autrefois, déterminer les particuliers à préférer d'employer leur argent à acheter des biens-fonds, plutôt qu'à ces systêmes ou spéculations, qui, en promettant un bénéfice énorme, laissent les terres sans valeur et sans culture.

O vous ! qu'un roi sensible, juste et bienfaisant a appelé auprès de lui , faites en sorte que les revenus de l'état soient tributaires et dépendans de l'agriculture ; vous assurerez à l'un et à l'autre une base inébranlable , qui rendra enfin le peuple heureux. Il ne peut y avoir de doute sur cette maxime , dont la vérité et la réalité se faisaient sentir avec de si heureux effets sous le règne de Cyrus : » *que la richesse des* » *peuples fait celle des rois* « : or, les peuples ne peuvent être heureux que par l'agriculture ; le gouvernement doit donc sans cesse la protéger, la rendre florissante, l'honorer ; et les revenus de l'état marcheront d'un pas égal.

Ce qui paraît déterminer encore en faveur d'une dixme royale , c'est que l'argent est très-rare dans les provinces , et qu'il séroit incomparablement plus facile à un paysan de donner quatre gerbes de blé dans son champ , qu'un écu de six livres. Paris attire tout à lui ; presque tous les revenus des terres s'y absorbent au grand préjudice de l'agriculture. C'est un gouffre incompréhensible , car il n'en sort pas le quart de ce qui y est porté : je le compare à la pompe à feu , qui aspire, violente et attire à elle les eaux de la seine, composée de différentes rivières et d'une infinité de ruisseaux de plusieurs provinces, les distribue dans quelques quartiers qu'on pourrait appeler les quartiers de finance, et, rejetées dans le lit de la même rivière, les repompe encore pour les faire rester à Paris : il s'en échappe sans doute..., mais le reste va à la mer... et je ne sais où.

La rareté de l'argent dans les campagnes doit donc être un puissant motif pour faire adopter l'impôt en nature ; celui-ci présente incontestablement plus de proportion, plus de réciprocité et de douceur dans le régime. La classe des petits cultivateurs sur-tout, en ressentirait les plus doux effets, puisque le poids des vexations, qui porte presque sur elle seule, ne l'accableroit plus ; celle des riches n'a pas de raisons solides pour la craindre : on a dit qu'il en résulterait des désordres, relativement aux fermiers, qui demanderaient des indemnités sur leurs baux ; ces prétendus désordres ne seraient que passagers, et faciles à prévenir. Au surplus, l'agriculture étant favorisée, l'exportation du superflu de nos grains permise, les terres augmenteraient en culture , et leur production en valeur ; et certainement au renouvellement des baux , le paiement de la dixme royale ne diminuerait pas le prix actuel ; au contraire , il est plus que probable que la dixme royale pourrait suppléer aux vingtièmes , et que sans éprouver une diminution bien considérable , les seigneurs et riches propriétaires s'acquitteraient de cette imposition.

Combien de fermiers de la Beauce , de la Brie , de la Picardie , donneraient volontiers sans diminution de leur prix de ferme , une gerbe sur vingt , s'ils étaient assurés de vendre à un prix moyen leur blé , qu'ils sont forcés de garder dans leur grenier , avec le double malheur de le voir manger et détériorer par les charançons et la poussière , et de se trouver dans l'embarras pour payer les propriétaires !

Cette réflexion nous conduit naturellement à celle , qu'il serait de l'intérêt du gouvernement de favoriser l'exportation des grains , pour augmenter , par une suite nécessaire , le nombre des terres cultivées , et conséquemment les revenus de l'état ; car le débit des denrées est le premier et le plus puissant motif qui excite à la culture des terres. Aux environs de la capitale, l'agriculture y est active ; au milieu du Berri elle est inerte. Le peuple ne peut donc être à son aise et subvenir aux besoins de l'état, en payant exactement ses impositions réelles ou personnelles, que dans le cas où il peut vendre et échanger les productions de son champ : je ne sais si je me trompe, mais ce principe me paraît inconstestable. Dans un royaume agricole, le dernier anneau de la grande chaîne de l'administration publique doit correspondre à celui de l'autre extrémité, pour qu'elle offre moins de prise aux abus et aux ennemis naturels de l'état ; l'un de ces anneaux est le peuple des campagnes, et l'autre le ministère.

Par-tout où les denrées sont à vil prix et réduites à une consommation locale, les terres sont négligées, la campagne se dépeuple, les villes regorgent d'habitans, qu'y appellent les métiers, les arts et le luxe ; et il en résulte que le peuple qui reste attaché à ses foyers, est misérable, fait en sorte de ne pas mourir de faim , et vit dans l'inertie et l'insouciance.

Enfin , la levée des impôts en argent me semble bien plus sujette à des abus vexatoires, que celle qui se percevrait en nature ; car dans les villages et hameaux éloignés des villes un peu considérables , le défaut de commerce et d'industrie occasionne, par la vileté ou nullité du prix des denrées, la multitude des besoins pour une nombreuse famille. (*Il ne s'en trouve plus que là !*) L'indigence enfin rend l'argent *très - rare*, et par conséquent les contraintes *très-multipliées* ; contraintes qui font gémir tant de malheureux, qui sont nécessaires en quelque sorte ; mais dont la fatale nécessité entraîne bien des abus et fait verser bien des larmes. J'ai été témoin quelquefois de ces douloureux spectacles où on voit l'indigence, cette indigence si digne de pitié, aux prises avec un huissier garnisaire pour sauver un simple ustensile qui sert aux besoins de première nécessité , où on voit un malheureux père de famille supplier un garnisaire , pour obtenir un court délai qui lui est impitoyablement refusé , soit par l'ordre donné d'exécuter, soit parce que l'huissier y trouve son intérêt, en ce que les profits de sa charge sont les résultats de ces affreuses expéditions.

On a vu, et il y a long-temps, des garnisaires se piquer tellement de bien faire leur métier, qu'ils enlevaient jusqu'aux poutres des maisons. Que ne s'est-il pas fait depuis...! Espérons du moins que ces malheurs cesseront, si les habitans de la campagne peuvent acquitter leur impôt en nature : ils seraient tous enchantés de lier et préparer *la gerbe du roi*, qu'ils ne cessent d'invoquer à leur secours dans leurs malheurs, et qu'ils aiment de tout leur cœur.

Je n'ai parlé dans ce chapitre que des terres ensemencées en grains, mais il serait facile de l'étendre à tout ce qui, par sa nature, est décimable ; la nomenclature des objets à décimer, désignée par les assemblées provinciales, suffirait pour déterminer le prix des adjudications, et connaître le total de l'imposition.

Quant aux terrains non décimables, tels que les bois, les étangs, les prés, on pour-

rait en percevoir le revenu par un abonnement en argent, sur une appréciation faite
d'abord par les paroissiens, et rendue publique ; présentée ensuite aux assemblées provinciales, où chaque particulier pourrait faire
ses représentations en cas d'erreur, ou de
sur-taxe ; mais, avant tout, il faudrait connaître la quotité de chaque espèce de terrain,
connaissance indispensable pour parvenir à
un but bien désirable, je veux dire à l'égalité dans les répartitions, comme on le verra
dans le chapitre suivant.

CHAPITRE III.

De l'inégalité des répartitions.

L'INÉGALITÉ des répartitions, l'arbitraire et l'instabilité des impositions personnelles ou territoriales, sont en France le plus grand obstacle qui s'oppose aux progrès de l'agriculture. La manière dont se font les rôles dans les paroisses, est trop arbitraire pour n'être pas abusive ; les registres des cours des aides et des parlemens pourraient mieux, que tous les discours et les exemples particuliers, attester les besoins d'une répartition égale et proportionnée, et les fâcheux effets du régime actuel, dont la marche inconsidérée et arbitraire tient encore à un dédale de décisions et d'interprétations, qu'il est absolument nécessaire de simplifier.

Les lois fiscales ne peuvent être éternelles, elles sont subordonnées aux révolutions des temps, des mœurs, et aux changemens des systêmes ou des principes du gouvernement. Le renouvellement des lois pour les impositions, aura le double effet qu'elles seront positivement connues du peuple, et que les changemens détruiront infailliblement les abus inséparables des charges ou emplois relatifs au fifc , à la municipalité, qu'ils mettront un frein à la jalousie des habitans, qui s'imposent entr'eux sur des prétextes sans réalité , sans oser sur-taxer ou un riche propriétaire , ou les officiers juges des impositions. Delà, tant de plaintes, de procès, de sur-taxes , qui ne sont accumulés que sur le cultivateur, et pour lequel le train des abus rendait ses plaintes inutiles, oubliées, ou la cause de la perte de son peu de fortune , lorsqu'il avait le malheur de plaider.

Il n'est pas dans mon plan , ni à mon pouvoir , d'examiner en détail et relativement à chaque province, les moyens de parvenir à une répartition plus égale et plus proportionnée ; la diversité des principes , des usages et des droits locaux fondés sur une ancienneté immémoriale , présente beaucoup de difficultés. Il faudrait le concours de plusieurs hommes d'état, qui réuniraient beaucoup d'expérience, pour ramener toutes nos provinces à un régime uniforme ; ce serait le plus grand chef - d'œuvre du ministère. Un cadastre ou arpentement général, me paraît la pierre fondamentale d'un tel édifice, et sur laquelle tous les accessoires pourraient porter. Il y a bien peu de temps que le seul mot de cadastre effrayait tous les propriétaires ; les ministres même n'ont pas osé en approfondir les effets, parce qu'alors on devait s'attendre à toute la résistance possible, modifiée sous milles formes, soit de la part des propriétaires exempts, dont l'immensité des biens-fonds eût pu certainement faire ouvrir les yeux au ministère sur le foulement de ceux qui cultivent la terre, soit de la part d'autres propriétaires, qui, à la faveur de la confusion, des abus, des charges, ne payant pas ce qu'ils auraient dû payer, à beaucoup près, se seraient vu infailliblement dans le cas que leur imposition fût double ou triple. Mais puisque aujourd'hui un édit (*) à jamais mémorable pour notre bon roi, le ministère, et si honorable pour le clergé et la noblesse, jadis exempts, assujettit toutes les terres sans exception au tribut public, il ne peut y avoir de motif ni d'intérêts particuliers qui puissent s'opposer à la confection d'un cadastre, après avoir

____

(*) Edit d'août 1787, enregistré à Troyes.

pris néanmoins des précautions préalables.

L'exécution en est facile; les géomètres, les arpenteurs sont communs, et presque tous intelligens, grace à la géométrie, dont le compas ne peut être qu'exact comme ses démonstrations. L'appréciation des terrains surveillée par les assemblées provinciales, présentée par celles municipales, et sur - tout *déterminée par la répartition partielle d'une somme connue et fixe* pour chaque élection ou chaque paroisse (car voilà le mot à persuader pour faire désirer le cadastre) ne pourrait être que juste et proportionnée.

Le cadastre rédigé et considéré sous ce point de vue, il en résulterait les plus heureux effets pour toute la nation, en ce qu'il aménerait infailliblement l'égalité dans les répartitions, et un acheminement à la destruction de tant d'impôts vexatoires de toute espèce, sur les marchandises, les denrées, et même sur les animaux qui passent d'une province dans une autre, etc. etc.

Car quel autre moyen pour répartir avec égalité une paroisse, que de connaître exactement la quotité superficielle des terres, prés, bois, vignes de chaque propriétaire,

ainsi que celle des routes , chemins et sen-
tiers ? Pour la connaître indépendamment de
l'arpentement , il n'y a que deux moyens
ordinaires , ou la déclaration des propriétaires , ou celle des voisins. Mais on pressent
que ni l'une ni l'autre ne peuvent servir de
base à une opération aussi importante , qui
a pour objet de cotiser le pauvre comme le
riche ; le propriétaire en déclarant , ne perdrait jamais de vue ses intérêts , qui l'accom-
pagnent par-tout et sur tout. Le propriétaire
voisin n'ayant pas de notions fixes et préci-
ses , ne pourrait déclarer que par aperçu ,
et devenir fautif à chaque instant , soit par
erreur de bonne-foi , soit par considération
particulière de réciprocité. Ces présomptions
se sont déja réalisées bien des fois dans la
généralité de Paris. Cependant , si tous les
propriétaires payaient exactement chacun en
proportion du bien qu'ils possèdent , outre
le soulagement qu'éprouverait nécessairement
le cultivateur , le nombre des arpens cultivés , la masse des autres terrains producti-
bles présenteraient un revenu assez considérable pour nous délivrer de bien des impôts , sur-tout de la gabelle , dont le joug
odieux écrâse tant de malheureux : non que

je veuille dire qu'il faudrait faire supporter aux terres la totalité des impôts, ou même les imposer encore, selon leur valeur stricte et intrinsèque; ce serait outrer les proportions, et tomber dans un gouffre pour éviter un mauvais pas.

Je n'entreprendrai pas de calculer le nombre des terres cultivées, d'après tant d'économistes ou oisifs spéculateurs, qui, du même trait de plume, réduisent toutes les terres de la France, les plus variées peut-être de l'Europe, comme celles d'une paroisse, ou même de leur jardin. Un pareil calcul de la part d'un particulier, ne peut être qu'hypothétique, et le résultat inexact. Le gouvernement seul, après bien des recherches, et les secours de la municipalité, pourrait parvenir à une approximation plus positive, mais toujours insuffisante pour déterminer les sommes à percevoir. Car le nombre d'arpens cultivés d'une paroisse, ne peut servir de base, quant à l'évaluation pour un égal nombre dans un autre canton. Quelle défiance ne doit-on donc pas avoir de ces projets, qui osent promettre tant de millions sur des calculs généraux, en apparence si exacts, que les sols et les deniers terminent

toutes leur colonnes arithmétiques. Un arpentement général est donc le seul moyen
qui puisse conduire par un chemin sûr à
la vérité et à la réalité, et sur-tout à la
tranquillité de l'habitant de la campagne,
si toutefois la somme nécessaire pour les besoins de l'état est bien connue et invariable,
et laissée aux soins des assemblées provinciales pour la répartir. Ah ! si ce grand ouvrage, qui me paraît indispensable, peut bientôt s'exécuter, tous les abus disparaîtront.
L'homme en place ou en charge n'en pro-
fitera plus pour payer moins, ou s'en exemp-
ter tout-à-fait

Lorsque tous ceux qui ont rapport aux
élections, aux recettes générales, etc. etc.
payeront ce qu'ils doivent, les revenus de
l'état seront tels qu'avant peu d'années, le
roi pourra soulager la partie indigente de ses
peuples ; car on ne peut se dissimuler que
les deux tiers au moins de la France sont
possédés par les princes, les grands seigneurs,
les magistrats des cours, le clergé et les officiers du fisc royal. Ainsi, soit à titre d'exemp-
tion, soit à cause des abus bien plus faciles à se trouver parmi eux, que dans la

classe des propriétaires aux quarante ou cinquante écus, ces derniers supportent le lourd
fardeau des impôts. *Il est temps* cependant
de les soulager, si on veut relever notre agriculture, sur laquelle ils ont une influence si
active et si immédiate.

Lorsqu'une fois l'habitant de la campagne
sera bien sûr que son imposition sera invariable, il se livrera tout entier à son travail,
à son industrie, sans craindre de ses voisins
ou des collecteurs une dénonciation qui lui
augmente sa taille et ses vingtièmes.

Combien de particuliers ont éprouvé des
sur-taxes, pour avoir eu une récolte plus
abondante que les autres, et qu'ils ne de-
vaient qu'à leur soins, à leurs frais et à la
sueur de leur front ! La crainte trop réelle
d'une augmentation arbitraire de taille, retient en France des milliers de charrues (1),

____

(1) Un particulier, amateur et protecteur de l'agriculture, a fait faire au mois de septembre 1787, une charrue selon de nouvelles dimensions ; il l'a essayée avec succès, en labourant avec ses chevaux quelques arpens de
terre. Au mois d'octobre suivant, les habitans l'ont imposé
comme ayant une charrue.

qui

qui donneraient un nouveu a nerf à notre agriculture. Les propriétaires d'un petit bien se
disent à eux-mêmes : » Si nous avons une
» charrue, on nous mettra à la taille comme
» laboureurs, et lorsque quelques malheurs
» nous forceront de vendre nos bestiaux de
» labourage, la même taxe nous restera. «

Combien de malheureux paysans ont été
imposés, pour avoir un certain nombre de
ruches! Les hivers rigoureux ont détruit les
abeilles, et la sur-taxe est restée. Que l'on
se rappelle aussi la quantité immense de
cire qui se recueillait en France autrefois,
et celle qu'elle produit aujourd'hui. La différence est extrême ; mais de cette différence, ou plutôt de cette indifférence, qu'est-
il arrivé? que sans nous en douter, nous nous
sommes rendus tributaires d'une nation voisine, qui n'y est pas indifférente, pour des
sommes d'autant plus considérables, que la
bougie est un objet de luxe presque général.

L'agriculture serait bientôt florissante, si
l'arbitraire de la taille n'était plus à craindre ;
les petits propriétaires, qui seraient bien per-
suadés que leur imposition n'augmenterait

qu'en augmentant leur territoire , feraient eux-mêmes leur labourage , et ne dépendraient plus , pour l'exploitation de leurs terres , d'un laboureur voisin , qui souvent en cultive plus mal les siennes, ou les rançonne tellement pour le prix , qu'ils préfèrent quelquefois laisser leur terre en friche. D'ailleurs la terre travaillée par le propriétaire , est toujours mieux cultivée, *gressus domini optima stercoratio.* En labourant eux-mêmes, ils auraient plus de bestiaux ; considération bien puissante , car ils sont la première richesse d'un pays agricole. Par-tout où il y a des bestiaux, la population est nombreuse, parce que le peuple est à son aise; les blés et les fourrages y sont abondans ; le commerce des bestiaux de toute espèce y entretient une circulation d'argent , qui répand l'aisance et donne des facilités. Où il y a peu de bestiaux , au contraire , l'agriculture languit nécessairement , et lorsqu'une maladie épidémique les enlève , c'est une vraie calamité.

Enfin , lorsque le peuple ne redoutera plus les sur-taxes arbitraires , il montrera l'aisance que ses facultés pourront lui permettre ; il ne

laissera plus dans l'inaction l'argent de ses économies ; il l'emploiera à acheter quelques
arpens de terres, des bestiaux, ou à quelque commerce local, ce qui vaudrait bien
mieux que de le porter dans une caisse de
banque pour en retirer un intérêt, comme
l'a pensé cependant un très-habile homme
en matière de finance : tant il est vrai que
malgré lui en quelque sorte, l'homme rapporte toujours tout à son état ! Le financier
ne voudrait voir par-tout que des banques
ou systêmes de finance ; le commerçant,
des comptoirs, des foires, et même la con-
version de nos richesses en effets mercantiles.
L'agriculteur ne voudrait pas voir une friche ;
et, s'il en avoit le pouvoir, il rétrécirait les
grandes routes. Par la même raison, il ne serait pas prudent de confier la rédaction des
lois aux communautés des procureurs, et celle
des impositions aux fermiers généraux. Je re-
viens à mon sujet.

On ne verrait plus le paysan affecter de
porter des haillons, pour paraître pauvre ou
misérable. Cette hypocrisie est plus commune
qu'on ne croit ; et si le lecteur a pu observer
quelque temps les habitans de la campa-

gne , il aura appris que tel manœuvre qui avait voulu porter un habit un peu plus beau qu'à l'ordinaire , a été sur-taxé par jalousie. Qu'on ne dise pas que cette punition est méritée , ou nécessaire en ce qu'elle prévient le luxe parmi les villageois ; il n'y a qu'un esprit cynique qui puisse penser ainsi.

Le luxe ne sera jamais àcraindre ; je dis plus, il sera toujours à désirer , lorsqu'il aura pour objet l'emploi des manufactures et des productions nationales. Il aurait donc fallu punir celui qui, le premier, a tressé ou ourdi des plantes filamenteuses, parce qu'il ne se couvrait pas comme les autres de peaux de bêtes , ou de feuilles d'arbres. On ne peut nier que c'eût été une extravagance barbare , et briser net le lien de la sociabilité.

Si l'agriculture languit dans tant d'endroits , si ailleurs elle est presque nulle , on ne peut l'attribuer qu'au régime actuel des impôts : les tailles , les gabelles , les traites, les aides , etc. etc. ne tendent, par la forme des perceptions presque toutes abusives ou vexatoires , qu'à diviser les peuples , à les opposer continuellement entre eux , à les

(53

attrister par des inquisitions turbulentes dans
l'intérieur des domiciles , lieux si respectables , et autrefois si respectés ! a atténuer
enfin et entraver la population , L'ESSIEU
DE L'AGRICULTURE , dont la diminution très - probablement étonnerait bien , si
un dénombrement exact la faisait connaître.

Un arpentement général contrarierait sans
doute beaucoup de propriétaires, qui voudraient ou faire ignorer leur fortune , ou
craindraient de payer plus qu'ils ne paient :
mais si les propriétaires aux quarante écus
paient au-delà des bornes pour leur imposition , j'en appelle au témoignage de la raison , de la justice et de la conscience , n'est-
il pas équitable que ceux qui sont plus riches
paient comme eux avec modération , et les
soulagent par l'égalité des répartitions ? Car
comme il n'y a que les riches qui sont ou
exempts , ou imposés à une taxe modique,
et chez lesquels logent les abus , il s'ensuit
que le foulement porte sur tous les petits
propriétaires, et que, contre *tout principe
d'équité , les impositions territoriales sont
en proportion inverse de la quantité des
biens-fonds*

D iij

Je suis persuadé qu'il y aurait peu de propriétaires qui d'ésapprouveraient un arpentement général. Le patriotisme et l'amour
pour le roi, sont des sentimens chéris de
tous les Français ; les deux premiers ordres
viennent d'en donner une preuve éclatante ;
mais il suffirait de dire à ceux qui pourraient
l'improuver : Vous ne pouvez nier que le
peuple n'ayant plus à craindre l'arbitraire
de la taille, la culture des terres augmen-
tera évidemment , et par suite vos dixmes
ou terrages ; que la population alors étant né-
cessairemeut plus nombreuse , le prix des
denrées haussera ; que le peuple n'ayant plus
de motif pour enfouir son argent, achètera
des biens-fonds qui donneront des lods et
ventes , ou autres droits coutumiers. Eh !
qu'on ne craigne pas que ce cadastre ou arpentement général, soit jamais pour aucun
ministre à venir, une source où il voudra
puiser sans cesse. L'amour de nos rois pour
leurs sujets, la somme fixée et reconnue nécessaire pour les besoins de l'état, répartie
dans les provinces, sous l'inspection des assemblées provinciales ; les représentations
patriotiques des parlemens ; la difficulté enfin de sur-imposer une nation entière sans

de justes motifs , sont des sauve-gardes imposantes contre l'avidité et la déprédation.

D'un autre côté , c'est par un arpentement général que nos rois , en aucun temps, n'exigeront un tribut plus fort qu'il n'est possible de l'exiger ; considération qu'ils sont toujours prêts d'accueillir , mais qu'il leur a été impossible jusqu'alors de connaître ni d'apercevoir par le régime actuel : c'est par ce moyen seul, que chacun ne paiera que ce qu'il devra payer ; qu'on évitera les expédiens de finance , presque toujours orageux et presque toujours défavorables à notre puissance dans l'opinion de nos ennemis ; que les ressources dans un besoin imminent pourront être sûres , promptes et abondantes , sans causer de foulement, parce que la taxe sera générale. Tous les Français la supporteront avec plaisir , étant répartie également : *consolatio est habere pares.* C'est alors que le ministère se ferait une loi sacrée de protéger et encourager l'agriculture ; qu'il s'établirait une réciprocité de besoins , de secours , qui rendraient l'un et l'autre inébranlable. Enfin, de même qu'un propriétaire de terre ne peut bien établir son revenu, qu'en combinant et rapprochant les différentes branches qui le constituent, et sur-tout en le connaissant par détails, et sous tous les rapports de valeur réelle, accidentelle ou relative ; de même il est nécessaire au gouvernement de connaître l'état de l'agriculture, pour l'encourager, la protéger, en étendre les progrès ou en arrêter la décadence. Une connaissance exacte des terrains cultivés, de ceux en friche, de ceux en bois taillis ou de futaie, est pour le ministère et les assemblées provinciales, *desquelles émanerait l'opération exécutée*, ce qu'est la boussole pour la marine : le tableau de l'agriculture, qui est en même-temps celui de la population, doit occuper la première colonne des fastes du ministère, parce qu'elle est la base comme la source des vraies richesses et d'une durable prospérité.

CHAPITRE IV.

De la Gabelle.

Sɪ la gabelle n'est pas le plus grand obstacle aux progrès de l'agriculture, il n'est que trop certain que son régime lui enlève des milliers ·de bras, et une denrée précieuse aux bestiaux. Combien d'employés, tirés de la classe des artisans, des bourgeois et des laboureurs même, pour les occuper à la perception des revenus, et sur-tout à la défense de l'introduction du sel d'une province dans une autre ? Quelques-uns en évaluent le nombre à douze mille, dans le poste de simples commis, et c'est douze mille hommes employés et payés pour faire une guerre civile contre leurs concitoyens.

Qu'il me soit permis de faire quelques réflexions sur les désastres de ce fatal impôt, le plus cruel ennemi des provinces limitrophes des pays de gabelle. Je ne veux que m'arrêter sur les bords de la rivière de Creuse, qui coule depuis la haute-Marche, en traversant le bas-Berry et une partie du Poitou jusqu'à l'Anjou : à chaque portée de fusil, trois ou quatre employés sont campés sur les bords , pour empêcher le transport frauduleux du sel , appelé faux-saunage ; tous les jours ils ont occasion de faire quelques expéditions , qui peuvent se réduire à quatre principales ; ou ils prennent des faux-sauniers , ou ils se battent entre-eux ; ou ils tuent, ou ils sont tués ; ou ils les laissent passer avec intention.

1°. La prise de trois ou quatre faux-sauniers fait ordinairement une perte considérable ; mais il s'en faut bien qu'elle soit le terme de leur malheur. Un procès - verbal constate leur délit ; ils sont sur le champ et sans autres formes, constitués prisonniers , et ils n'ont l'espoir de recouvrer leur liberté , qu'en payant cinq cents livres d'amende par chaque délinquant, sans quoi ils sont condamnés à vivre dans les prisons , ou aux galères : s'ils ont le malheur de récidiver, ils sont pendus et étranglés , s'ils sont porteurs d'armes.

2°. Si les commis se battent avec les faux-sauniers , ce qui arrive presque tous les jours , le procès-verbal de rebellion les rend cri-

minels, et ils sont traités avec d'autant plus
de sévérité , que le procès-verbal énonce des
faits graves. Cet acte est un témoignage bien
rigoureux ; il a été nécessaire sans doute de
lui donner une espèce de foi ; mais combien
n'a-t-on pas eu à gémir sur les effets de cette
fatale confiance!

3°. Si les faux-sauniers tuent dans le com-
bat pour n'être pas tués, ils sont punis de
mort ; et s'ils sont tués , l'employé obtient
sa grace , et il est même défendu de faire
contre lui aucunes poursuites. (art. XVIII.)

4°. Enfin , si l'employé séduit s'entend
avec le faux-saunier, quel citoyen peut être
un pareil homme , qui a juré de faire son
devoir? Il se rend coupable à-la-fois de per-
fidie , de parjure et d'irréligion, car il faut
obéir aux lois du prince.

Lecteur suivez-moi maintenant dans les
hameaux où demeuraient ces malheureux!
Là , vous verrez un vieillard qui se désespère d'avoir perdu son fils qui le faisait vivre!
Plus loin, vous trouverez une femme éplorée
avec ses enfans ; ailleurs , vous en verrez

d'autres occupés à vendre tous leurs meubles, le peu de terres qu'ils possèdent, et à vil prix, à cause des circonstances forcées, pour faire le prix de l'amende de cinq cent livres, et racheter la liberté d'un père ou d'un frère. Oh ! qu'un pareil tableau, et qui se répète si souvent, a de droits sur la sensibilité et la douce humanité ! Qu'on se peigne l'horrible situation et le désespoir de ces mêmes familles, lorsqu'elles voient leur époux, leur père, leur frère, conduit à la fleur de l'âge aux galères ou à la potence : le chagrin et la douleur les abyment ; le déshonneur de la famille les accable jusqu'à la fin de leur triste carrière, que ces malheurs abrègent.

L'exemple de toutes ces punitions, malheureusement, ne corrige pas. Le législateur l'espérait certainement, lorsque les besoins de l'état lui ont fait prononcer ces fatales lois. Mais tantôt c'est un fils qui veut venger la mort de son père par celle de celui qui lui a porté le coup mortel ; tantôt c'est un père qui, tourmenté par le besoin de donner du pain à une famille nombreuse, expose sa vie ou sa liberté, pour vendre à 12 sols cinquante livres de sel, qu'il n'aura acheté qu'à un sol ou deux la livre , profit considérable et toujours assuré , que nul autre travail ou commerce ne pourrait lui faire espérer.

Le succès de quelques passages de sel a tant d'attraits pour ces malheureux habitans, qu'ils préfèrent ce genre de commerce à la culture des terres , plus pénible et moins lucrative dans ses produits. Il s'en faut bien que je veuille approuver le faux-saunage : mon respect pour les lois du prince est sans borne ; mais il est impossible au moins de ne pas excuser les malheureux qui s'y adonnent ; car enfin , le sel est une sorte de denrée de première nécessité ; le pauvre se passe de beurre et de graisse pour faire sa soupe , mais il lui faut du sel. Les femmes et les filles s'exposent aux mêmes dangers : peut-on trouver un motif plus excusable pour les hommes ? Car jamais le sexe ne s'expose a perdre sa liberté , ou sa vie, que pour le salut de la patrie , ou par le tourment des premiers besoins. On doit regarder la gabelle dans ces pays, comme une sorte de peste continuelle, qui enlève les hommes et désole les familles. Il me suffira de rapporter un exemple frappant , non de ces combats atroces et sanguinaires remarquables par la mort de plusieurs hommes ; mais un exemple bien puissant, pour faire connaître les horribles et dévastans effets de la gabelle.

Etant un dimanche dans une paroisse assez considérable, près les bords de la rivière de Creuse , je ne vis à la messe que des femmes , et en assez grand nombre ; il n'y avait d'hommes de la paroisse , que le sacristain et deux vieillards, dont l'un deux, me dit-on , était estropié par un coup qu'il avait reçu à un assaut de rivière. Etonné de cette singularité, j'en demandai la cause au curé , qui y était accoutumé. Ce bon pasteur me dit en gémissant, que le faux-saunage lui enlevait tous ses paroissiens ; que la majeure partie de ses terres restaient sans culture ; que le fatal et considérable profit qu'on pouvait faire sur le sel , déterminait de ce côté-là tous les travaux et les spéculations : un grand nombre , me dit-il, est à l'emplète du sel ; d'autres , et il n'y en a que trop , sont dans les prisons d'Argenton et de Châteauroux ; d'autres aux galères , et de temps en temps on en exécute , parce qu'ils ont eu le malheur de tuer ou blesser grièvement les commis. Tel est le sort des paroisses qui avoisinent cette fatale rivière; tel est l'effet alarmant de la gabelle , dans tous les cantons limitrophes.

Combien de mémoires adressés à l'administration provinciale du Berry, depuis que cette province éprouve ce nouveau régime, pour faire cesser cette espèce de dévastation , qui enlève tant d'hommes à la culture des terres, presque passive et inerte dans le bas - Berry ! car le faux - saunage a fait périr plus d'hommes , que la bataille la plus meurtrière. Ce malheureux métier a des attraits dangereux ; il promet un bénéfice énorme ; il n'est pas d'ailleurs bien fatigant : il favorise la fainéantise ; il est excité par ceux qui en ont contracté l'habitude, afin de grossir un parti contre les employés; ils s'arment et se haranguent ; le passage de leur sel, ou la mort, est la seule alternative qu'ils envisagent : de pareilles dispositions ne peuvent qu'être suivies d'effets désastreux.

Il est impossible sans doute que cet impôt continue plus long-tems ; ses ravages qui

heureusement sont parvenus d'une manière
positive au ministère, et ont fait horreur au
Père de la patrie et à ses augustes Frères.
Par quelle fatalité la soif ardente de l'or a-
t-elle pu si long-temps endurcir le cœur des
financiers, chargés du régime de la gabelle,
au point de taire et de dissimuler à nos ministres l'horreur d'un pareil impôt ! Que dis-
je ! comment ont-ils osé poursuivre avec
un si long et si cruel acharnement, tant de
malheureux citoyens qu'ils auraient pu li-
cencier par un léger sacrifice d'argent, et
qu'ils auraient plutôt corrigés par une grace,
que par une peine infamante, qui, en leur
enlevant l'honneur et les jetant au milieu
d'une foule de galériens vraiment criminels,
les dispose plutôt au crime qu'au repentir?
Comment ont-ils pu rejeter tant de fois la
supplique d'une malheureuse mère chargée
d'une nombreuse famille, qui leur demandait, par l'intercession des magistrats même,
ou celle de notables du royaume, la liberté
de son mari, et que le spécieux prétexte de
l'exemple a fait envoyer impitoyablement
aux galères? Comment, après avoir été eux-
mêmes simples employés, après avoir vu
tant de sang répandu, de meurtres, en un

mot

mot tant d'horreurs parmi leurs concitoyens , leurs parens mêmes , ont-ils pu , lorsqu'ils sont arrivés à la suprématie financière , se réunir en corps pour obséder nos ministres , étouffer leurs pieuses représentations sur les maux de la gabelle , par une négation commune et hardie, ou par toute autre dissimulation adroite et politique , et finir par en obtenir, sous des prétextes mensongers , des arrêts , des décisions , qui redoublaient le poids des vexations ? Ils sont seuls coupables des maux que la gabelle a faits , parce qu'ils sont les seuls qui les aient connus, et de bien près. N'eût-il pas été de leur devoir, devant Dieu comme devant les hommes , de chercher les moyens de les arrêter, ou du moins de les modifier , en représentant au ministère ses effets désastreux (1) ? Ils ont cru peut-être que les lois du prince , les besoins et les

______

(1) Les fermiers généraux actuels ne s'opposeront pas sans doute , ou à la suppression, ou au changement du régime de cet impôt : si par état ils s'occupent d'intérêt , de spéculations et de finances , il y en a beaucoup aussi qui sont philanthropes et bienfaisans. Si les *personnes* sont changées , *la chose* doit éprouver la même révolution : l'humanité le sollicite ; celui qui s'y opposerait serait bien cruel.

E

revenus de l'état , leur serviraient d'égide et d'excuse envers leurs concitoyens. Mais non ; tous nos rois, ceux même qui étaient les plus disposés à la sévérité , ont ignoré l'étendue des malheurs de la gabelle : tous ont aimé et chéri leurs sujets comme de bons pères ; c'est un sentiment inné dans les Bourbons : tous ont été aimés de leurs sujets , qui , dans leur malheurs , ont trouvé leur consolation dans ces mots remarquables : *Ah ! si le roi le savait* ! Louis XVI l'a su par des notables de son royaume, et aussitôt , n'écoutant que son cœur pour ses bons sujets , il a résolu la suppression de la gabelle.

O mes concitoyens que ce fléau afflige ! bientôt cette royale résolution se réalisera ; la mansuétude du ministère actuel n'épargnera ni peines , ni sacrifices, pour vous annoncer et vous faire jouir de cette heureuse révolution ; bientôt cette guerre civile et intestine , le code pénal de ses lois, son régime cruel, seront anéantis ; ces fatales lignes de démarcation ne subsisteront plus que dans les archives de ces publicains : bientôt il sera donc libre d'aller puiser de *l'eau . . . . à la mer. . . .*

Nos neveux ne pourront jamais croire qu'une pareille défense ait subsisté ; mais si les monumens publics élevés par les peuples, en signe de joie et de reconnaissance , leur attestent ce sinistre impôt, ils sauront du moins que c'est LOUIS XVI et ses dignes ministres qui l'ont proscrit. L'hommage et le respect pour leur mémoire n'en sera que plus vaste et plus sensible. Bientôt cette armée d'employés sera dispersée et rendue à l'agriculture , aux arts et métiers ; ils béniront eux - mêmes cette heureuse révolution, et gémiront sur les cruautés que leur poste leur aura fait commettre ; les chaînes des galères se rompront pour rendre de malheureux faux-sauniers à leur patrie et à leur famille. La grace du roi sera pour eux un devoir sacré de vivre désormais en bons citoyens. Ah ! si jamais un philosophe sage et austère a pu désirer d'être roi ou principal ministre , c'est dans ces momens de bénédiction et d'acclamation générale, que son cœur goûterait la plénitude de son bonheur et de sa bienfaisante puissance.

On aura sans doute à combattre les intéréts privés de ceux qu'elle enrichit , et qui s'armeront de l'intérêt que mérite ceux qu'elle fait vivre ; mais leurs efforts seront vains. Le roi sait aujourd'hui qu'elle fait des milliers de malheureux ; elle sera anéantie, ou au moins réduite de manière que le sel ne soit plus qu'un objet de commerce , sans cesser d'être un des revenus de l'état. S'il a été possible de connaître dans les pays ga-belleux , combien on devait consommer de sel par tête , il ne sera pas plus difficile d'imposer chaque particulier par une taxe en argent , qui aura le double effet de ne pas diminuer les trésors du roi , et de soulager ses peuples de la solde immense que coûte le régime de la gabelle. Je ne me permettrai aucune réflexion sur les moyens de l'anéantir , mais je forme des vœux pour que ce soit bientôt , parce que je suis moralement sûr que les provinces qui y sont soumises y trouveront le bonheur et la paix , et l'agriculture, des bras et des ressources immenses et incalculables.

Il est certain que le sel est très-nécessaire en agriculture ; il est toujours utile aux bestiaux , et très-souvent il est d'une nécessité indispensable : tous les animaux en général recherchent le sel ; les bêtes à cornes surtout le désirent avec avidité, et leur instinct nous avertit que nous avons tort d'être si avares de ce que la nature nous donne avec tant de profusion.

Le sel est très-salutaire aux moutons dans les pays marécageux, où l'herbe est aigre et chargée de rosée : il donne plus de ton et d'élasticité au sang ; il prévient beaucoup de maladies épidémiques ; il excite d'ailleurs l'appétit, corrige la trop grande crudité des herbages trop frais ou prématurés. J'ai vu un troupeau de brebis attaqué d'une espèce de morve, qui les affaiblissait au point qu'elles pouvaient à peine se tenir ; le propriétaire employa différens remèdes, mais la maladie faisait des progrès considérables. Il fut conseillé de donner à chacune d'elles une cuillerée de sel soir et matin, peu-à-peu ; et dès le lendemain, elles commencèrent à lever la tête et à reprendre leur gaieté ; il ne perdit que celles que la longueur de la maladie avait rendues incurables. Enfin, pour se convaincre et bien apprécier l'utilité du sel et ses besoins, il faut considérer l'usage qu'on en fait en Angleterre, royaume digne d'être cité pour modèle, lorsqu'il s'agit d'agriculture, parce que tout ce qui l'intéresse ou peut la favoriser, y est adopté, soutenu et encouragé. Tous les jours les laboureurs donnent du sel à leurs bestiaux : ils le regardent comme indispensable, lorsque les bœufs qui travaillent se nourrissent dans les pâturages; il prévient un dévoiement, qui fatiguerait et ferait déperir l'animal.

Sème d'un sel piquant l'herbage que tu donne :
Il répand dans leur lait un suc qui l'assaisonne ;
Et leur soif plus ardente épuisant les ruisseaux,
En des sources de lait ils transforment ces eaux.

(Trad. de Virg. par le Virg. franç.)

Si le sel est démontré utile et nécessaire aux hommes comme aux animaux, il ne l'est pas moins aux terres labourables, et c'est une sorte d'engrais usité dans les temps les plus réculés ; les anciens en transportaient dans leurs champs, et des récoltes abondantes couronnaient leurs travaux. O ! combien de terres incultes et cultivées près les bords de la mer seraient fertilisées ! Puissions-nous bientôt voir le jour heureux de la destruction de la gabelle !

CHAPITRE V.

Du droit de parcours, et des clôtures des héritages.

Le droit de *parcours, commune ou vaine pâture*, a été regardé par tous les agriculteurs, et en général par tous ceux qui ont pu en connaître les effets, comme contraire aux intérêts des particuliers et de l'agriculture. Pour se pénétrer de cette vérité, examinons les différens droits de parcours, car ils varient dans presque toutes les provinces.

1°. Lorsqu'il existe sur un terrain en friche, tous les habitans de la communauté y envoient toute l'année leurs bestiaux ; on ne peut en aucun temps, d'après même les coutumes, le mettre en culture, et la moindre atteinte qu'un habitant porterait à ce droit *de ne pas cultiver*, ferait la matière d'une querelle et d'un procès. Ainsi, soit d'après l'usage, soit d'après le texte coutumier, voilà un terrain, quelque vaste ou fertile qu'il soit ou puisse être, condamné à l'infertilité ; car s'il produit quelques herbages, que les bestiaux mangent aussitôt qu'ils pointent, en en gâtant la moitié avec leur pied, le produit peut-il être comparé aux récoltes de blé et autres grains qu'admet la culture ordinaire des terres ? Dans presque toutes les communes de cette espèce, le terrain serait ou deviendrait fertile s'il ne l'était pas; car d'un côté, le long temps de repos favorable à la fertilité, en ce que la terre s'imprègne des fluides aériformes de l'atmosphère; de l'autre, l'habituel séjour des bestiaux, dont les fumiers engraissent la partie qu'ils couvrent, les longues racines des plantes qui la tiennent divisée, et qui deviennent engrais lorsqu'on laboure; d'un autre côté, le voisinage des villages, ce qui suppose proximité d'engrais, multiplicité de bras pour la culture, facilité pour labourer; enfin le fait certain et incontestable, que tout terrain, quel qu'il soit, a besoin de soins et de culture, et que personne n'en donne ni peut donner à ces sortes de communes, sont de puissans motifs pour convaincre qu'elles sont contraires aux progrès de l'agriculture, comme on le prouvera plus bas.

2°. Si les communes sont des prairies,

ou les troupeaux y entrent lorsque la première herbe est enlevée , ou c'est à une époque fixe ; ailleurs ils y vont même jusqu'à la
fin de mai , etc, etc.

Si les troupeaux peuvent entrer dans
les prairies aussitôt qu'elles sont fauchées ,
quelle autre nourriture y trouvent-ils , que
celle qui a échappé à la faux ou au rateau ?
En deux ou trois jours , cette faible ressource
est perdue ; bientôt la sécheresse de la saison ,
le parcours des animaux , plus multiplié alors
par le tourment des mouches et de la cha-
leur , le retour continuel des bestiaux, ne
laissent plus rien à paître ; les chevaux seuls
peuvent pincer l'herbe : les bêtes à cornes y
vivent à peine , et se portent toujours vers
les haies et les arbres , qu'elles broutent ,
le long des ruisseaux ou rivières , où la faim
leur fait manger des herbes aigres et mal-
saines , qui sont sur-tout nuisibles aux vaches.

Lorsque les prairies sont humides , les
pieds des animaux font des trous qui en-
foncent l'herbe à trois ou quatre pouces.
Le propriétaire est forcé de souffrir ces
dégâts , et de renoncer malgré lui à un

usage plus utile de son canton de prairie, s'il pouvait le clorre, et à l'espoir même d'une récolte plus abondante.

3°. Lorsqu'il y a une époque fixe pour laisser les prairies libres, sous la peine de livrer l'herbe aux bestiaux des villages ou de la communauté, n'est-il pas odieux de rendre les propriétaires de la prairie responsables de l'intempérie des saisons, qui retarde quelquefois la fauchaison de quinze jours, ou de les contraindre à faucher une herbe qui n'est pas mûre, qui eût produit davantage, et qui court risque de se gâter par un enlèvement prématuré ou forcé ?

4°. En quelques endroits, le droit de commune ou vaine pâture, dure jusqu'à la fin de mai ; mais alors les prairies ne doivent-elles pas donner un tiers moins d'herbe que si elles eussent été défendues dès les premiers jours d'avril ? Alors, pour l'ordinaire, le printems est doux ; la terre échauffée par les premiers rayons du soleil, hâte la pousse des herbes, qui étant livrées à la pâture et au piétinement des bestiaux, sont arrêtées dans leur croissance ; de sorte que la première impulsion de la nature, la plus favorable pour le développement des plantes , est arrêtée et perdue. Il faut que les herbes mangées tallent, de sorte que la majeure partie n'a pas même le temps de fleurir , époque pourtant bien nécessaire pour la qualité et la perfection des foins; et il en résulte qu'une récolte qui eût pu être excellente et abondante , n'est qu'une sorte de regain bien inférieur au foin.

5°. Enfin , qui croirait, hors ceux qui l'éprouvent, qu'il y a un canton en Lorraine , où des seigneurs et propriétaires ont le droit de mettre dans les prairies , pendant tout le mois de mai seulement, des troupeaux considérables de bœufs ? Il est défendu , il est vrai, aux conducteurs de les laisser reposer ou arrêter dans la prairie ; mais cette défense est aussi absurde que le droit est barbare. Ces animaux, naturellement tranquilles, et d'ailleurs pesans , peuvent-ils prendre leur nourriture en marchant continuellement ? Est-il possible qu'ils engraissent ? La moitié de la vie du bœuf se passe dans le repos, et là on lui prescrit une marche continuelle ! d'ailleurs n'est-ce pas, comme disent ces bonnes

gens , gâter le bien du bon Dieu, et sacrifier presque sans profits d'abondantes récoltes,
pour jouir d'un droit qui ne peut avoir été
établi que par un fou ou un tyran ?

Les mêmes droits pour les terres labourables, ne sont pas moins abusifs que pour
les prairies ; n'enlèvent-ils pas à l'agriculture
une quantité immense de menus grains qu'on
sémerait après les récoltes , ou pendant l'année de jachère ? Ne portent-ils pas atteinte
aux droits sacrés de la propriété , puisqu'il
n'est plus au pouvoir du propriétaire d'y rien
semer , de la défendre par des haies , et
d'alterner les terres ; procédé qui , bien entendu , bien senti , peut seul abolir les jachères, et faire fleurir l'agriculture ?

Il est difficile de se faire une idée des
dégâts que fait dans les terres labourables
le parcours des bestiaux , par leur piétinement qui presse extrêmement la terre : lorsque le terrain est endurci , il faut souvent
plusieurs années avant qu'il parvienne au
point de division et d'atténuation nécessaire
au développement des plantes. Plusieurs labours ne suffisent pas pour la rendre friable ;
et si le cultivateur laboure lorsque les terres

sont humides , il s'expose a ne pas ensemencer : il ne faut rien moins qu'une gelée
forte, suivie de pluies douces , pour les diviser.

Il ne faut pas confondre sur les droits de
parcours , celui qu'un particulier se serait
réservé en vendant son bien : ce sont des
conventions et des obligations qui doivent
s'exécuter, par la raison que le terrain vendu
ou échangé , l'a été à un moindre prix, ou
à des conditions moins onéreuses , en considération du droit de parcours : je ne veux
parler que de ceux qui ont lieu sur des terrains vastes , et dont les droits sont fondés
sur des articles de coutume, ou sur un usage
immémorial.

Le prétexte le plus favorable pour les divers droits de commune ou parcours , est
que les pauvres d'une communauté qui n'ont
pas de biens-fonds , peuvent avoir des bestiaux , et les envoyer à la commune. Sans
doute le bien des pauvres *est un bien sacré ,*
et qui mérite tous les égards possibles ; mais
cet avantge est-il aussi réel qu'il paraît l'être
au premier coup-d'œil? Examinons tout par-

tie par partie. Les détails plaisent aux vrais agriculteurs, et nous conduiront à la conviction de la question proposée.

Un manœuvre qui n'a ni terre ni prés, et qui néanmoins a une vache, ne l'envoie à la commune, si c'est une prairie, qu'après la fauchaison, ou après la moisson si c'est une terre labourable, et en tout temps si c'est un terrain en friche. Si la commune est une prairie, il est donc forcé de la garder chez lui, ou le long des chemins, depuis le mois de novembre jusqu'à la fin de juin; car l'hiver, les prairies sont sans herbe, et au printems elles sont défendues. S'il a pu la nourrir l'hiver et le printems, ne lui est-il pas plus possible de le faire l'été et l'automne? Son jardin, les bords des chemins, lui offrent des ressources qui se renouvellent chaque jour, soit en légumes, en herbes ou en feuilles; car presque tous ces manœuvres ont un jardin et quelques morceaux de terre, dont le produit est incroyable lorsqu'ils veulent se donner la peine de les travailler.

Si sa vache ne va pas aux champs, il y trouve deux avantages. 1°. Le fumier, ordinairement perdu tous les étés dans la commune, se trouve dans son écurie ; objet très-essentiel pour lui, s'il emblave quelques arpens de terre, et qu'en tout événement il peut encore vendre : les fumiers d'été, en outre, sont infiniment meilleurs et plus actifs que ceux d'hiver ; c'est un point convenu et éprouvé en agriculture. Les plus petites observations, lorsqu'elles sont vraïes et utiles, lui sont toujours précieuses. 2°. Les vaches qui ne vont pas aux champs, ont beaucoup plus de lait que celles qui y vont tous les jours : ce régime, il est vrai, ne serait pas favorable aux vaches qu'on destine à nourrir des veaux, parce qu'il est nécessaire de les accoutumer aux variations des saisons, et de les rendre robustes, pour que leurs veaux, qu'on destine au travail, se ressentent de la *robusticité* de la mère. Il serait même impraticable par la multitude de vaches qui sont dans les fermes, soit par la trop grande abondance de fourrages verds qu'il leur faudrait, soit parce qu'elles vivent toutes ordinairement où la faux ne pourrait prendre.

Si la commune est un terrain en friche, les vaches ne peuvent qu'y paître difficilement, comme on l'a déja observé, parce que les bestiaux y sont tous les jours de l'année, et que d'ailleurs le peu qui s'y trouve n'est pas nourrissant. Il résulte donc, 1°. que la nourriture que le manœuvre donne chez lui à sa vache, est plus abondante que celle qu'elle eût prise dans la commune ; 2°. que sa vache a plus de lait ; 3°. que le besoin d'avoir une vache lui apprend les soins qu'il faut donner pour cultiver sa petite propriété, et le rend actif et laborieux : ainsi, en supposant qu'il ne fût pas possible de faire participer les pauvres au partage de la communauté ou de la commune, ils ne perdraient rien de l'abolition du parcours.

Quelques auteurs ont mis en question, s'il serait préférable pour l'agriculture, que les possessions de chaque particulier fussent closes, ou qu'elles ne le fussent pas. Mais sur quoi est-on uniformément d'accord? Les corvées ont bien trouvé des apologistes. Si les avantages qui résulteraient des clôtures pouvaient faire la matière d'un doute, il n'y aurait peut-être autre chose à dire : parcourez l'Angleterre, les cantons les mieux cultivés de la France, sur-tout ceux qui avoisinent

sinent les villes ; vous verrez que par-tout où les possessions sont closes, la culture des terres est plus soignée et plus productive ; vous verrez que les petites fermes dont les plus petits champs sont renfermés, sont infiniment mieux cultivées que les vastes métairies : c'est un fait notoire et constant.

Je fais abstraction des plaines voisines de la capitale, où la chasse du roi et des princes s'oppose aux clôtures des héritages, parce qu'il faut pouvoir courir à cheval, et voir arriver de loin une nuée de perdrix ou des milliers de lièvres. Ah ! si un jour on pouvait bien se persuader que ce n'est pas cette cohue immense de gibier qui constitue le vrai plaisir de la chasse ! Le seigneur campagnard qui, avec trois ou quatre chiens courans, cherche un lièvre pendant une demi-heure, le poursuit dans tous ses détours et le tue, a mille fois plus de plaisir que les princes à en tuer douze ou quinze cents, qui viennent chercher la mort, et sont tout étourdis par l'artillerie et le cortége.

La rareté du gibier, lui apprend à connaître les ruses et les cachettes de cet

animal timide , et lorsqu'il parvient à le
surprendre , malgré ses longs et tortueux cir-
cuits , que ses chiens courans décèlent toujours en le suivant à la piste , il goûte le
vrai plaisir de la chasse ; il l'emporte lui-
même ; il se procure cette agréable et salutaire fatigue que le plaisir fait toujours ou-
blier. Peut-être un jour verrons-nous cette
étonnante révolution ; alors il y aura moins
de gibier , mais les récoltes seront entières
et superbes ; moins de vexations , mais plus de
tranquillité dans les hameaux , et les champs
seront peut-être clos. Ah ! qu'alors les propriétaires feraient avec plaisir les frais de
vastes barrières , qu'ils ouvriraient au moindre avertissement d'une chasse. S'il était
possible de calculer ce que coûte le gibier
des capitaineries et des grands seigneurs ,
ce calcul effraierait , et pourrait peut-être
l'amener , cette révolution ! ou du moins en
restraindre les abus. Déja le roi a permis aux
particuliers voisins de la forêt de Fontainebleau de clorre les héritages , pour éviter
les dégâts des bêtes fauves.

Il y a cent ans , qu'on n'eût pas osé espérer cette faveur, que Louis XVI a ac-

cordée dès qu'il a été instruit des ravages
et du tort qu'éprouvaient les propriétaires.

Mais pour sentir toute l'importance des
clôtures, considérons - en les effets sur les
communes : c'est alors qu'on verrait les récoltes doubler et tripler ; c'est alors que la
liberté de pouvoir disposer de sa chose, opé-
rerait des merveilles.

Les propriétaires pourraient planter, ou
des arbres à fruits, ou de service ; établir
des pépinières qui, sans les clôtures, seraient
livrées à la dent des chèvres, des moutons,
et aux dégâts inévitables des autres animaux.

Les clôtures ont encore l'avantage de garantir des intempéries les arbres ou les blés,
lorsqu'ils sont en fleurs ; car ce n'est pas
toujours d'en-haut qu'elles proviennent : une
simple haie a suffi souvent pour garantir
d'une grêle et même d'une gelée. Il serait
difficile, peut-être, de rendre raison de pareils
faits ; mais ils sont constans et avérés. Combien de fois n'a-t-on pas vu les arbres à
fruit rouge, manquer totalement dans une
plaine, et réussir dans de petits champs

clos, où les productions sont ordinairement et plus précoces et plus abondantes? Ce sont des faits avoués par tous les agriculteurs.

Les prés fatigués par la vétusté , pourraient être renouvelés par les labours , et donner pendant quelques années , sans le secours même des engrais, d'abondantes récoltes de froment. Un simple fossé garni d'épine blanche , exclusivement à toute autre, parce qu'elle court moins que la noire , et entremêlée d'arbres fruitiers , augmenterait les produits et l'aisance du cultivateur. Les prairies qu'on laisserait subsister , porteraient , outre une première herbe plus abondante que de coutume, un regain et même une troisième herbe dans les bons fonds , que le droit de parcours anéantit. Cette deuxième récolte est cependant un objet bien intéressant ; elle double en quelque sorte l'étendue d'un arpent de pré. Chaque propriétaire pourrait fumer son canton , sans craindre que les pluies fassent couler ses engrais au dessous de sa propriété, ou qu'on les lui enlève. Si le pré est sec de sa nature , il peut le convertir en prairies artificielles ; enfin , *en disposer selon sa volonté.* Voilà les avan-

tages qui résulteraient de l'abolition du droit
de parcours (*).

Déja différens arrêts du conseil ont accordé
les permissions de se clorre dans les communes, ils ont même autorisé les échanges; mais
il n'ont eu d'effet que dans des endroits spéci-
fiés. Il serait à désirer que ces permissions de-
vinssent communes : nul intérêt particulier ne
peut en contrebalancer le bien général ; car
jamais notre agriculture ne sera active et florissante, que lorsqu'il sera permis aux propriétaires de clorre leurs héritages : ce droit leur
est donné par la raison, et l'expérience le
fait solliciter par tous les cultivateurs. Il promet un effet puissant en faveur des progrès de
l'agriculture. Serait-il refusé par les tribunaux ? Je ne peux le croire, et je me flatte
que bientôt nous verrons cette heureuse révolution.

(*) M. le marquis Costa, connu par un ouvrage très-
précieux sur l'agriculture, appelle ce droit « un droit bar-
« bare et pernicieux à la culture , et qui, en quelques pro-
« vinces de France, est un obstacle invincible à son avan-
« cement. Heureusement la Savoie n'en est pas infectée,
« et les lois y ont pourvu, en permettant à chacun de se
« clorre. »

Lorsque les *communes* sont indivises entre les habitans , plusieurs notables du canton pourraient en faire le partage , en proportion de la taille que chacun d'eux paye ; de manière néanmoins que les pauvres , surtout ceux qui sont laborieux , en ayent une portion. Lorsque les communes appartiennent à différens propriétaires , à la charge de parcours après les récoltes , les clôtures sont fort aisées à faire , en pratiquant des fossés , pris néanmoins sur le terrain de chaque propriétaire , et dans lesquels il trouverait tous les deux ans de très-bons engrais.

Si la commune est vaste , il serait juste d'accorder une sorte d'indemnité aux habitans non-propriétaires , sur-tout aux pauvres. On pourrait retrancher sur chaque arpent , une ou deux perches , qui accumulées, pourraient faire plusieurs arpens qu'on répartirait. Les propriétaires y gagneraient , puisqu'ils doubleraient la récolte par celle du regain ; les manouvriers aussi , puisqu'ils auraient une propriété sans bourse délier : enfin, il faut toujours en venir au mot si chéri, chacun d'eux *jouirait en liberté de sa propre chose.* Tous les usages et les articles des coutumes qui tendent à conserver ces droits , doivent être abolis ; c'est encore un reste de l'ancienne féodalité , ou les plus forts faisaient la loi, et créaient des servitudes locales. L'agriculture était oubliée , et en quelque sorte livrée aux seuls soins de paysans serfs, que nul motif d'honneur ni d'intérêt n'engageait à l'industrie , ni au désir de la propriété , puisqu'ils ne pouvaient pas même disposer de leur personne. Puissent les cours . . . se pénétrer des abus du droit de parcours, et rejeter les prétentions de ceux qui , au préjudice de l'intérêt général, voudraient les conserver !

CHAPITRE VI.

De la réunion de l'art vétérinaire à la chirurgie.

Il y a des préjugés dans les professions, arts ou métiers, qu'il est nécessaire en quelque sorte de laisser exister, parce que la réforme entraînerait plus de maux qu'elle ne ferait de bien ; il suffit qu'ils ne troublent pas l'harmonie de la police ou de la sociabilité. Mais s'il en est qu'il soit possible de détruire, ou de modifier sans inconvénient, parce qu'il en résulterait un bien général, il est nécessaire de les dénoncer, et d'invoquer le secours de ceux qui peuvent y coopérer.

On doit regarder comme un préjugé nuisible au bien général, que les chirurgiens dédaignent ou refusent de soccuper de la médecine vétérinaire. La santé de l'homme est sans doute le premier bien de ce monde ; heureux celui qui peut guérir son semblable d'une maladie dangereuse, et qui eût été mortelle sans ses secours ! Ce doux sentiment de satisfaction est une bien juste récompense des peines et des affreux tableaux que cet état présente : mais les bestiaux sont sa principale richesse, et il est pour lui de la plus grande importance de veiller à leur conservation. Il n'y a que peu d'années que l'art vétérinaire a été jugé digne d'un établissement public, et depuis long-temps cependant les épizooties ont fait des ravages affreux qui ont ruiné des provinces entières. Autrefois des prières publiques, des processions, étaient le seul remède que le peuple recherchait. Le gouvernement, occupé de guerres et de troubles, n'en prenait alors aucuns soins (*).

(*) En Poitou, on invoque S. Pardoux et S. Simphorien, pour la conservation des bestiaux ; ces deux bienheureux sans doute ne dédaignaient pas, en se rendant des modèles de vertu, d'être utiles à leur patrie, en guérissont des animaux malades. Leurs concitoyens n'ont pas oublié ces bienfaits, puisque chaque année ils font en leur honneur des processions publiques. Cela nous prouve deux choses : la première, qu'il n'est pas nécessaire de se séquestrer de la société pour être vénéré, et qu'on peut encore se rendre utile à ses concitoyens et à sa patrie. La seconde, que la science vétérinaire est si nécessaire, que ceux qui l'ont exercée avec succès, ont conservé depuis un temps immémorial un hommage annuel et public, dans le canton où ils ont exercé leur bienfaisance,

La nécessité, l'expérience, le charlatanisme, ont porté quelques particuliers à
s'occuper des maladies des bestiaux ; un très-
petit nombre a pu acquérir des connaissances, et presque tous n'ont pas hésité de
sacrifier l'animal malade, les uns pour paraître habiles ou le devenir, et les autres
sans avoir la moindre idée raisonnée sur le
genre de la maladie. Il y a peu de paroisses
où il ne se trouve quelqu'un qui s'occupe
de traiter les bestiaux : là, c'est un maréchal
qui saigne, parce qu'il a vu saigner ; plus
loin, c'est un paysan qui, pour avoir guéri
ou cru guérir un animal malade, entre-
prend hardiment la guérison de tous ceux
qu'on lui présente. Les uns et les autres exercent leur science de hasard avec une bar-
barie révoltante ; un fer mal aiguisé, est
l'instrument qui ouvre les plaies ; la lancette
n'entre dans la veine qu'à coups de mar-
teau, et souvent redoublés. Comment en
effet pourrait-il se trouver des gens instruits
dans l'art vétérinaire, qui ne s'exerce dans
les provinces et dans les campagnes que par
des paysans qui ne savent pas même lire,
tandis qu'il exige autant de lumières, de soins
et d'étude, que la chirurgie et la médecine.

Les bestiaux sont constitués comme nous : même circulation dans le sang, même souplesse dans les nerfs, pulsations dans le pouls; en un mot, la seule et sublime raison nous distingue, et leur corps comme le nôtre, est sujet aux infirmités, et demande des soins très-assidus.

L'épizootie de 1774, 1775 et 1776, a fait enfin ouvrir les yeux au gouvernement, sur la nécessité de protéger les établissemens d'écoles vétérinaires. Des médecins célèbres ont été députés dans les provinces affligées de ce fléau, et n'ont pas dédaigné, après avoir touché le pouls d'un grand ou d'une marquise, de toucher celui d'un bœuf, de l'ouvrir ou faire ouvrir, pour examiner et tâcher de trouver la cause du mal. La perte de ces provinces est incalculable, et elles sont à peine relevées de cette calamité. Si donc l'étude des animaux a tant d'analogie avec celle de homme, ou, pour parler plus juste encore, si elle est la même, les chirurgiens ne devraient-ils pas soccuper de l'une et de l'autre, et suivre des cours de médecine vétérinaire, comme de médecine et de chirurgie? La longue expérience, les lumières de M. Chabert, directeur des écoles vétérinaires de France, assureraient l'utilité de ses cours. Je prévois bien de l'opposition de la part des chirurgiens de campagne, dont l'opinion est telle, que pouvant sauver un animal malade, ils refusent jusqu'à dire leur avis, pour ne pas passer dans le public, disent-ils, pour des chirurgiens de bêtes. Je ne crois pas que leurs statuts le défendent : cela ne m'étonnerait pas ; mais quel que soit le motif, aucun d'eux ne s'en occupe. Croyent-ils, ceux qui regarderaient cette réunion comme étrangère et au dessous de leur état ; croyent - ils que les fameux médecins Lancisi , Sauvages , Malouin , M. Vicq-d'Azyr, et tant d'autres, déshonorent la médecine, pour l'appliquer à l'art vétérinaire ?

Un prince allemand souverain dans ses états, (CHARLES FRÉDÉRIC, Marggrave de Baden,) mais en même - temps digne d'être appelé le père de ses sujets, car ils ne s'occupe que de ce qui peut les rendre heureux, justifie bien l'utilité de cette réunion. L'agriculture est chez lui le point capital de son ministère. S'il fait creuser un canal, c'est pour arroser une prairie qui devient

(93)

fertile ? S'il fait faire des chemins publics,
c'est dans les vues de faciliter des débouchés aux denrées, pour lesquelles la liberté
est entière. L'éducation et les soins que
nécessitent les bestiaux, lui a paru digne
de toute son attention et de sa protection
spéciale. Il a engagé les chirurgiens de ses
états à étudier et pratiquer la médecine vétérinaire ; mais le préjugé a rendu sa re-
commandation sans effet : alors il a ordonné
à son premier chirurgien de se livrer à la
médecine vétérinaire, et l'a même envoyé
prendre des leçons et des instructions à
l'école royale d'Alfort, près Paris. Les vues
de ce prince sont sans doute suivies du plus
heureux succès, et l'épizootie n'y est plus
connue ni à craindre, que par la commu-
nication des pays voisins. De quelle importance ne serait-ce pas pour la France que
ce régime y fût observé? Nous devons l'espérer du gouvernement, qui prend en considération tout ce qui est profitable à l'agriculture ; nous devons également l'espérer du
concours du premier chirurgien de Sa Majesté, et de l'académie royale de chirurgie,
ont le zèle pour le bien public n'a jamais
eu besoin d'être excité.

Déja ce préjugé est anéanti aux environs de la capitale et de Lyon , par les soins et l'étude que font de l'art vétérinaire plusieurs médecins célébres, plusieurs chimistes et naturalistes de la plus haute réputation. Peu-à-peu il se détruirait dans les provinces, et le bien qui résulterait de cette association, serait pour les chirurgiens de campagne un double droit à la reconnaissance de leur canton, et pour eux-mêmes un puissant motif d'exercer l'art vétérinaire. Il faudrait donc que chaque élève en chirurgie, avant d'être reçu à Paris et dans les communautés de province, justifiât qu'il a suivi les cours de médecine vétérinaire ? Combien de fois n'auraient-ils pas à s'applaudir de cette réunion , lorsqu'ils sauveraient, ou la vache d'un pauvre manœuvre, qui fait tout son bien , et dont le lait nourrit sa petite famille ; ou tous les bestiaux d'un laboureur, dont la perte le réduirait à la misére et au désespoir ? Combien d'épizooties locales ne préviendraient-ils pas, en faisant prendre des précautions contre toutes les causes qui peuvent les exciter, et qui ne sont que trop communes dans les campagnes, soit par la putréfaction des animaux morts et abandonnés sur la surface de la terre, soit par l'infection des eaux croupies que recherchent toujours les bestiaux, soit enfin par l'insalubrité des hameaux, ou les mauvaises qualités des herbages dans les cantons marécageux.

Peu-à-peu l'expérience leur ferait reconnaître que les étables ne sont pas assez aérées, et qu'il leur faut un air courant, surtout aux bêtes à laine. Ils seraient les juges-nés de tant d'animaux suspects, que l'avidité des bouchers fait livrer à la consommation : les bergers, mieux instruits par eux, préviendraient la mort de milliers de moutons ou brebis que la moindre connaissance vétérinaire eût pu guérir : ils feraient apercevoir aux laboureurs qu'ils est nécessaire de planchéïer ou terrer les greniers au dessus des étables, pour éviter que le méphitisme n'imprègne les fourrages ; ils feraient supprimer et changer presque tous les abreuvoirs des hameaux, qui sont au dessous des tas de fumier, et dont l'eau noire et corrompue a tant d'attraits pour les bestiaux, qu'en revenant des champs ils traversent un ruisseau ou une rivière pour venir boire à la marre du village ou de la ferme.

L'étude pratique de la chimie et de la bota-
nique sur-tout , nécessaire à l'art vétérinaire,
augmenterait leur connaissance, en leur donnant occasion de découvrir des propriétés et
des ressources dans le règne végétal. Enfin
leurs secours ne se borneraient pas à soigner
les animaux malades ; ils apprendraient encore aux laboureurs et cultivateurs à connaître
les plus beaux taureaux , beliers ou étalons,
pour se procurer de belles races , et ils deviendraient eux - mêmes de précieux cultivateurs , dignes de l'estime et de la reconnaissance publique.

CHAPITRE

CHAPITRE VII.

Du droit de Franc-fief.

Le franc - fief est un droit fiscal, dont en apparence, il ne semble dériver aucun abus : il est payé par des gens ayant un fief ou bien noble, ce qui suppose une classe aisée, et capable de supporter la rétribution de ce droit. Mais quelques réflexions sur son origine, son extension et sa perception, en donneront peut - être une opinion différente.

Origine des fiefs.

Les troubles, les guerres civiles, la fureur ou la manie des conquêtes, ayant fait à nos aïeux une nécessité d'apprendre à manier les armes, l'état militaire était le seul exercé et honoré, et en quelque sorte le seul nécessaire, puisque outre les ennemis de l'état, ils avoient encore à craindre des ennemis particuliers. Les plus riches, les plus puissans, les plus forts, faisaient la loi ; ils distribuaient le pays conquis à leurs partisans, à la charge de leur fournir et de l'argent et des hommes en temps de guerre : ces biens concédés furent appelés FIEFS. Ils étaient inaliénables, incessibles sans la permission du seigneur dominant.

Par la suite des temps cette permission s'est vendue à toutes sortes de personnes indistinctement ; mais la noblesse voyant avec peine que le tiers-état possédât des châteaux, et jouît de prérogatives qu'elle croyait faites exclusivement pour elle, les nouveaux possesseurs étaient continuellement inquiétés : tantôt on s'emparait de leurs fruits, tantôt on les faisait souscrire à des conditions dures, ou à des servitudes inouies et avilissantes ; les lois même de l'état obligeaient tout roturier qui devenait possesseur de *fief*, de le mettre hors ses mains dans l'année.

Nos princes ont fait cesser cette incapacité, en permettant aux non-nobles de posséder des fiefs, à la charge de payer une indemnité en proportion du revenu. L'époque pour percevoir ce droit n'était pas déterminée, et on le faisait payer quand les besoins de l'état l'exigaient.

Sous François I , on l'exigea tous les vingt ans. Sous Louis XIV , un édit du mois d'août 1692 , ordonna que les roturiers qui depuis 1672 avaient acquis des biens nobles , payeraient une année de revenu tous les vingt ans , à commencer du jour de la possession ; mais les abus , les vexations qui résultèrent de cette obligation rigoureuse , donnèrent lieu à une autre déclaration du mois de mars 1700 , par laquelle on accorda une année pour payer , à compter du jour de la possession.

Depuis , sous le ministère de M. l'abbé Terray , on le paye tous les dix ans ; car 10 s. pour liv. ajoutés à la somme totale , forment la moitié du droit ; cependant , on dit toujours qu'il se paye tous les vingt ans. Il serait à désirer que le payement s'en fît en effet tous les dix ans ; car il est plus facile au propriétaire d'un fief qui rapporte 6,000 l. , de donner 4,500 liv. , que 9,000 liv.

PERCEPTION DU DROIT.

Le franc-fief se perçoit sur l'évaluation du revenu d'une année ; mais il s'en faut de beaucoup que ce soit sur le *produit net.* Les préposés à la perception de ce droit ne connaissent pas le langage des économistes : la représentation des baux, ou l'évaluation du rapport des vignes, des étangs, des dixmes, selon la valeur relative des lieux, détermine le prix de ce qui n'est pas établi par écrit : les réparations, les dépenses, les charges, les malheurs, tout constatés qu'ils soient, ne diminuent en rien ce prix ; on paie même pour les châteaux, les bâtimens, les maisons du chef-lieu, malgré que des baux d'abonnement constatent qu'il en coûte quatre ou six cents livres de réparation annuelle.

A défaut de payement, une contrainte décernée par l'intendant de la généralité, presse d'y satisfaire, et dans un très-court délai ; sans quoi on saisit tous les revenus.

Si la femme du non-noble meurt seulement huit jours après le payement total du droit, il faut payer la moitié encore ; c'est-à-dire, si on a un fief qui rapporte . . . . . 10,000 l.
on donne en principal , . . 5,000 l.
10 s. pour liv. . . . . . . 2,500 l.
____

TOTAL . . . . . 7,5000 l.
C'est la même chose si le mari meurt.

Si un de leurs enfans meurt ensuite, même payement en proportion de l'hérédité.

Dès que le droit de franc-fief est un revenu de l'état, à ce titre tout bon citoyen doit s'empresser de l'acquitter ; de toutes les dettes, celles de la patrie sont les plus sacrées : mais si ce même droit est funeste à la patrie même, si sa suppression lui assurait un revenu plus considérable, en faisant le bien de tous les particuliers ayant terre ou fief, nul doute que ce droit ne soit onéreux et vexatoire.

1°. Les formes des perceptions sont rigoureuses et abusives ; car si un pauvre propriétaire, lorsqu'il fait la déclaration de ce qu'il possède, omet un objet de revenu, il encourt de fait la peine du double droit , ou l'embarras d'un procès, ce qui revient au même. D'ailleurs les abus ne sont que trop faciles à présumer : quel est le propriétaire qui, ayant un revenu de 6000 liv. a toutes prêtes, ou a une mutation pour cause de décès, ou pour l'expiration du terme de vingt ans, 9000 livres, y compris les 10 s. pour liv. c'est-à-dire, une année et demie de son revenu le plus clair ? La vente tardive ou nulle de ses blés, de ses denrées, la nécessité de réparer ou reconstruire des bâtimens, d'améliorer ou défricher des terres ; une mauvaise année, des pertes de bestiaux, la nécessité de dépenser pour l'année suivante, de payer sa taille, ses corvées, enfin mille autres circonstances de famille, ne laissent pas à un propriétaire la possibilité d'avoir 9000 livres? S'il les a, que lui reste-t-il donc pour *continuer son exploitation, et pour vivre cette même année ?* Il est vrai qu'on lui fait la remise des vingtièmes pour un an ; mais c'est peut - être 300 liv. pour 9000 liv. Que l'on juge maintenant des effets décourageans de ce droit, et de toutes les poursuites que les préposés sont forcés de faire.

2°. Le plus grand mal que fait le francfief encore, est l'enlèvement d'une somme considérable perdue pour l'agriculture, d'une somme longuement et péniblement amassée, et naturellement destinée pour améliorer la terre ou elle a été recueillie, pour planter, pour défricher, pour bâtir, ou pour acheter des bestiaux. Il faut des années, et des années

heureuses, pour rétablir le vide qu'a oc-
casionné le paiement de ce droit (*).

Faut-il s'étonner maintenant qu'il y ait
tant de terres à vendre ? Faut-il s'étonner
que les campagnes se dépeuplent ? Le bourgeois aisé trouve dans les villes une liberté
qui le met au niveau des seigneurs ; il jouit
paisiblement de sa fortune , placée ou sur
des particuliers ou sur le roi ; il ne connaît
pas les vexations ni l'oppression ; il trouve
à satisfaire ses goûts , à s'amuser comme à
s'instruire.

____

(*) Si à quelques égards , on a pu improuver , l'idée
que j'ai exposée d'une dixme royale , que cette considération du moins la rende favorable. J'ai parlé comme si
j'étois laboureur : je suis et m'honore d'être leur ami ,
c'est la même chose ; mais je ne me trouverais pas du
tout à plaindre , de payer mes tailles en gerbes de blé.
Je redoublerais de soins, d'industrie , pour perfectionner
et augmenter ma culture d'un arpent, si elle était de vingt ,
de deux si elle était de quarante, ect. effort très-possible, effort
nécessaire à exciter ; car en général , dans une ferme de cent
arpens , il y a tout au plus quinze arpens d'ensemencés.
Je me trouverais libéré d'une dette sacrée , et qui tourmente tant ! . . . Quand on travaille pour l'état et pour
son roi , la peine ne coûte rien , et elle fait des prodiges.

G iv

Supposons à ce même homme le désir d'acheter une terre de 100,000 liv.; il lui faut payer :

1°. Les frais du contrat qui sont d'environ . . . . 1000 l.

2°. Le 100ᵉ. denier, l'insinuation, ce qui fait à-peu-près . . . 1200

3°. Le droit de quint et requint . . 24000

4°. Lettres de ratification . . . 800

5°. Franc-fief, pour le principal. 5000
Idem pour les 10 s. pour l. 2500 } 7500

6°. Foi et hommage, aveu et dénombrement 300

Total 34800

Il est vrai qu'il y a quelques provinces où on ne paie pas le droit de quint et requint; mais les lods et ventes forment toujours une somme considérable : tantôt c'est 10 s. par écu ; ailleurs 13 s.; tantôt 7 s. 6 den. : ce qui ferait, selon la moindre taxe, encore la somme d'environ 13000 l., et à 10 s. celle de 18000 liv.

On conviendra que ce détail, vrai dans toutes ses parties, connu et toujours présent à ceux qu'une heureuse impulsion porte à habiter la campagne, n'est pas attrayant, et qu'il est impossible qu'un bourgeois , qu'un commerçant retiré, et qui sait compter, sacrifie 20 ou 30,000 liv. , pour avoir en fonds de terre 5000 liv de rentes , très variables dans leur produit.

Si, malgré ces frais énormes, il se détermine à acheter, parce qu'il espère que sa culture améliorée , ou d'autres spéculations, surpasseront son produit de 5000 livres ; s'il demeure dans sa terre seulement une année entière, les habitans l'imposent à la taille, sans diminuer la leur ; et comme il est le seigneur du lieu, on ne le ménage certainement pas. S'il cueille du vin , il faut qu'il souffre les visites des commis aux aides ; en un mot, il est mis sur le rôle de toutes les contributions. Pour s'épargner tous ces désagrémens, il se contente d'y faire quelques voyages, et fixe son domicile dans la capitale ou telle autre ville.

L'attrait des villes est le fléau le plus destructeur des campagnes ; les grands seigneurs, les gens riches et aisés, se fixent tous dans les villes, sur-tout dans la capitale ; les uns et les autres vendent leurs biens-fonds, qu'ils convertissent en objets de spéculations , auxquels ils donnent toute leur occupation ; presque tous consomment dans les villes les revenus de leur terre , de leurs bois et de leurs vignes , ou le luxe , les fantaisies, les projets, la manie des richesses idéales et représentatives , engloutissent un argent qui , en faisant vivre le maître avec plus d'aisance et de jouissances dans sa terre , eût encore vivifié la bourgade de laquelle venait cet argent , et fait vivre un peu moins mal des malheureux ouvriers, en les employant à des travaux productifs, et qui eussent béni la bienfaisance de leur seigneur.

Qui peut ignorer la réalité des effets du séjour des seigneurs dans leur terres ? A combien de petites villes n'ont pas donné naissance les *Courtenay* , les *Montmorency* , es *Laval* , les *Latremouille* , les *Mortemart* , et sur-tout les *Chatillon* , en se fixant dans leurs châteaux ? Compiegne , Fontainebleau , n'existent que parce que nos rois y ont fait quelques séjours momentanés. Ces effets au surplus sont authentiques , et de toute évidence ; l'exemple sollicite donc le retour des seigneurs et gens riches dans les campagnes.

Une fatale politique a tout employé autrefois pour les attirer dans les villes , sous le ministère du cardinal de Richelieu. Le bon roi Henri IV ne pensait pas ainsi ; il engageait les seigneurs à vivre dans leurs terres , et se moquait de ceux qui s'entouraient d'un luxe éblouissant , en disant qu'ils portaient sur eux , » *leurs bois de haute futaie et leurs moulins* ». Son digne ministre pensait bien à cet égard comme son maître ; l'agriculture était le point capital qui l'occupait.

Si le droit de franc-fief était aboli, l'administration des domaines trouverait bientôt, et au-delà , une compensation de revenus dans les droits de centième denier , d'insinuation et d'hypothèque , par la multiplicité des ventes , des mutations favorisées par la suppression de ce droit , qui d'ailleurs fait un très-grand mal , pour un mince revenu qu'il rend.

Enfin , il serait à désirer, si l'abolition

n'est pas jugée possible , que ce droit se payât au moins chaque année , par la raison bien simple , qu'il est plus facile de trouver quatre ou cinq cents livres , que neuf mille livres. En vain dirait-on que rien n'empêche de mettre en réserve quatre cents liv. tous les ans ; rien n'est si aisé que de donner des conseils , ou des idées d'ordre : mais cette réserve est impraticable. Croit - on qu'un cultivateur , qu'un père de famille qui a sans cesse besoin d'argent , qui doit semer pour recueillir, pourra s'empêcher de toucher à cette prétendue réserve , qui, au surplus, ne lui servirait à rien , s'il perdait sa femme , et aux enfans s'ils perdaient leurs père et mère après deux ou trois ans , à dater de l'acquittement du droit en entier.

Il est tems , il est nécessaire de songer à rappeler dans les campagnes, les seigneurs des terres , (*) dont la présence seule est un nouvel astre qui répand la bienfaisance , le

---

(*) Il y a en France plus de quatre-vingt mille châtellenies ou marquisats ; il n'y a pas trois cents seigneurs qui les habitent ; ainsi des autres terres titrées.

bonheur ou l'aisance. Alors les ouvriers travaillent , les denrées augmentent en valeur , les métiers , les arts fleurissent : enfin lu luxe même y répand un argent qui fructifie au centuple , et qui est perdu pour l'agriculture , lorsque le seigneur de terre demeure à Paris.

Les formes des perceptions des diverses impositions détournent , comme on l'a vu, les gens riches d'aller habiter leur terre ou les provinces ; il est donc important au moins de les changer ou de les modifier ; même de créer des prérogatives pour ceux qui y passeraient quarante ou cinquante ans : l'état y gagnerait plus, même à leur donner la noblesse après une telle époque, qu'à leur faire payer le franc-fief.

Cette noblesse fondée sur le long séjour d'un seigneur non-noble dans sa châtellenie, sur une probité sans tache , sur l'établissement d'une manufacture, quelle qu'elle fût , sur des défrichemens , en un mot sur un rétablissement notoire de la culture des terres , qui, par ses soins , ses conseils, serait devenue riche , variée et florissante , aurait certainement des droits à la considération publique , à celle de la noblesse même , qui ne dédaignerait pas de s'allier avec elle. Que de tels citoyens auraient droit à des orders de distinction , plutôt que tant *d'empiristes ,* d'antim... stes , d.. istes ! etc.

Cette noblesse serait sans doute préférable à celle bannale , que donnent tant de charges vaines et inutiles , dont l'exercice de la majeure partie , pour comble de malheur , est concentré dans les villes. Les prérogatives qu'elles donnent , sont funestes à la classe des cultivateurs qui ont le courage de résister aux frêles et chimériques considérations qu'on leur attribue , et qui payent pour ces derniers les charges de l'état. Ces exemptions altèrent même les revenus publics , puisque pour une modique somme de sept, huit ou dix mille livres , les pourvus s'exemptent quelquefois de deux mille livres de tribut annuel.

D'ailleurs n'est-il pas ridicule autant qu'extraordinaire , que le fils ou petit - fils d'un maçon , d'un pâtissier , d'un tanneur , achette une charge de . . . . qui le rende noble comme un . . . . Je n'ose pas nommer une famille ; qu'un traitant venu en sabots à Paris, qui s'est engraissé du bien d'autrui, jouisse de toutes les exemptions attribuées à la noblesse ; qu'il soit admis dans les charges de toute la magistrature : tandis qu'un bourgeois, qu'un négociant, qu'un cultivateur, qui datent dans une de ces classes de deux ou trois siècles, sont déprisés, foulés par l'inégalité des répartitions, et par la contribution de toutes sortes d'impositions?

Espérons, ô mes concitoyens! que ces anciennes erreurs, que des besoins du moment ont fait naître, et que les besoins renaissans n'ont que trop long-temps consacrées, s'évanouiront bientôt, et qu'à l'exemple des sages Romains, nous aurons une égale considération, et pour le vrai gentilhomme, et pour le zélé cultivateur. L'homme qui chérit et pratique l'agriculture, est toujours utile, toujours vertueux, toujours homme de bien, toujours bienfaisant, toujours *attaché à sa patrie, à son roi*; leur cause est la sienne ; il est prêt à sacrifier toute sa fortune, et à répandre son sang pour leur gloire et leur intérêt.

Puisse le gouvernement se pénétrer de cette réforme, déja méditée par un respectable *ministre* (M. Turgot), que tous les bons citoyens ont regretté, et dont l'opinion était bien précieuse, par la connaissance qu'il avait des provinces et des abus ! Personne ne fut plus persuadé que lui, que l'état ne pouvait être riche et puissant, qu'en rendant l'agriculture florissante.

Puissent les assemblées provinciales examiner aussi les effets du droit de franc-fief, et en solliciter auprès du trône, ou l'abolition, ou des changemens dans les formes de sa perception (1) ! Que ne

---

(1) Dans les coutumes ou le jeu de fief n'est pas permis, telle que celle de Lorris, Montargis, qui régit plus de deux milles paroisses, non par le texte même de la coutume, mais en vertu d'arrêt du conseil, revêtu de lettres patentes enregistrées au parlement en 1782, nul propriétaire de bien noble ne peut donner à cens avec le moindre retour de deniers, ou à titre de rentes, sans qu'il en coûte à l'acquéreur beaucoup d'argent pour le droit de quint et requint, le droit de franc-fief, le centième denier, insinuation, etc.

Il suit de ces dispositions que le seigneur qui possède des terrains incultes, et qui ne les veut pas donner gratuitement, ne les vend ni ne les concède à titre de rentes,

devons - nous pas espérer du zèle , des lumières et des connaisances locales de ces augustes comices , où sont réunis par la voix des suffrages , des citoyens vertueux et éclairés ; où président des prélats , des seigneurs , qui tous ont déja manifesté dans un si grand jour , leur amour pour la patrie , leur zèle pour encourager et perfectionner notre agriculture , et un noble courage pour détruire ou modifier les abus du fics , et ceux même dont la féodalité leur assurait un revenu considérable.

Il est impossible sans doute que le régime en soit perfectionné , que des réglemens fixes en arrêtent les dispositions , ou

---

par la raison que le cultivateur qui défricherait et bâtirait , imprimerait à son habitation un certain caractère de noblesse dont il ne se soucie pas du tout, et qui lui coûterait le triple de l'acquisition première ; par ce moyen les landes , les friches des seigneurs restent à l'abandon. La généralité d'Orléans seule renferme encore plus de cinquante mille arpens de friches ou gastines, auxquelles on ne touchera pas, si l'assemblée provinciale n'éclaire pas sur ces abus , qui d'abord ont flatté les propriétaires de terres, à cause du droit de quint et requint ; mais ils ne savent pas ce qu'ils ont perdu par cette nouvelle jurisprudence.

H

en fassent connaître d'avance les effets. Il faut avant concilier les diverses constitutions de nos provinces, régies par des coutumes presque opposées, où tel régime d'administration peut être excellent pour une, et vicieux pour une autre : par exemple, la province du Berry, plus inculte, qui a moins de débouchés, qui est au centre du royaume, demande plus de secours, plus de sacrifices de la part de l'état et des particuliers, que la Normandie, l'île de France, etc. Le temps... l'expérience, peuvent seules perfectionner ce grand édifice, qui sera mieux que les armées et les régimens des financiers, LES COLONNES de l'état, et qui déja a attiré à notre monarque la bénédiction de son peuple.

CHAPITRE VIII.

De la nécessité de fixer les Cultivateurs, sur les opinions si variées des Agronomes.

Sɪ la diversité des opinions, si le contraste et les erreurs des systêmes ont amené insensiblement des lumières ou d'heureuses découvertes dans les sciences et dans les arts, il ne faut l'attribuer qu'à ce que les savans ou les artistes, encouragés par le gouvernement, échauffés par le désir de la célébrité ou de l'intérêt, se sont livrés sans interruption à des recherches et à des examens pénibles, longs et multipliés, jusqu'à ce que les résultats fussent satisfaisans. L'étude alors a fait des progrès qui tiennent du prodige ; mais cette même diversité, cette multitude de systêmes bizarres et monstrueux, ont eu dans tous les temps un effet absolument contraire, lorsqu'elles n'avaient eu pour objet que des matières sur lesquelles l'opinion publique était indifférente ; telle que l'agronomie, dont le théâtre rélégué dans les campagnes, n'a été exercé que par des paysans serfs, et encore avilis par un préjugé honteux pour la nation.

L'astronomie, la géométrie, la chimie, etc. honorées, encouragées, sont parvenues à un tel période, qu'on n'eût jamais osé l'espérer : à l'aide des expériences, des erreurs même des découvertes multipliées chez toutes les nations policées, chacune de ces sciences a des principes, des règles, qui peuvent en tout temps former des astronomes, des géomètres et des chimistes, faire reculer encore les limites de leurs sphères respectives.

Les beaux arts, malgré le mauvais goût et les préjugés, plus difficiles à détruire parmi nous que par-tout ailleurs, malgré le gaspillage de tant d'esprits monotones et rétrécis, ont répandu un doux charme dans la société, et chaque année nous promet ou des découvertes agréables, ou des jouissances variées.

Les arts frivoles même ont été portés à un degré de perfection qui étonne.....
Enfin nous sommes presque des Sybarites,

tandis que L'AGRICULTURE, cet art, le
premier que la nature, nos besoins de première nécessité, nous avertissent d'étudier et
de connaître, celui d'où tout dépend, le seul
qui fait ou peut faire des HEUREUX ; cet
art qui porta les sages de Rome à déifier
ceux qui le protégèrent ou qui en éten-
dirent l'empire, est encore au berceau dans
la majeure partie de la France : il n'a pas un
seul principe, pas une seule maxime généralement avouée par ceux qui ont écrit sur
l'économie rurale. Tantôt c'est un auteur
qui comme un inspiré annonce des prodiges
de végétation, des récoltes abondantes, à
l'aide de certaines recettes ou liqueurs qu'il
appelle *prolifiques* ; tantôt c'en est un qui,
annonçant pour des faits constans ce qui
n'est que le fruit de son imagination, prescrit
rigoureusement l'observation des phases de la
lune, le souffle de tel ou tel vent, l'époque
de tel ou tel jour de fête, quoiqu'il peut
varier d'un mois ; et abusant ainsi de la
confiance publique par sa prétendue expérience qu'il ne manque pas d'annoncer, il
fait des dupes, et arrête les progrès de l'agriculture; enfin ce sont d'autres qui, à l'abri d'un
nom, d'un titre, ou d'une qualité trop tôt

fameuse , en ont profité pour s'ériger en professeurs d'agriculture , indiquer des méthodes en apparence excellentes qu'ils n'ont jamais pratiquées , ou pour répandre une doctrine absolument nouvelle , telle que d'établir un systême d'agriculture indépendant des engrais, quoiqu'ils en soient la base incontestable.

Qu'est-il résulté de cette compilation de systêmes et de contradictions ? Les cultivateurs ont essayé , ils ont été dupes de leur crédulité , ils ont regretté , et la perte de leur temps , et celle du produit de leur champ; ils se sont empressés de recourir à l'ancienne routine , en devenant incrédules sur la doctrine des livres d'agriculture , et en propageant leur incrédulité chez leurs concitoyens. Les bons conseils des vrais agriculteurs ont éprouvé le même sort : n'est-il donc pas étonnant autant qu'affligeant, que notre agriculture n'ait pas un seul livre exempt d'erreurs, de systêmes et de contradictions?

Si en général la théorie peut conduire à une heureuse pratique, il n'en est pas ainsi à l'égard de l'agriculture , pour laquelle la

pratique seule peut établir une bonne théorie.
Ce n'est donc qu'en multipliant les expériences, qu'on peut étendre avec un succès constant les progrès de l'agriculture, parce qu'elles seules peuvent faire connaître les principes, les préceptes sûrs, et les effets des méthodes usitées, ou du moins faire connaître des résultats, des approximations qui guideront et éclaireront le laboureur ; mais tant qu'elles seront isolées et fondées sur un *j'ai fait* ou *j'ai ouï dire*, quelque impartial, quelque expérimenté que puisse être l'auteur, elles seront toujours ou fautives, ou peu dignes de confiance. L'erreur en tout nous accompagne de si près, que nous devons sur - tout nous en défier, pour les expériences relatives à l'agriculture, parce que la variété du sol, la différence du climat, les époques des semailles ou de plantation, le défaut de connaissance de la qualité de la terre, le choix des engrais, etc. enfin les circonstances si multipliées, ou de dégâts, ou d'intempéries qui assiégent continuellement nos productions, peuvent induire en erreur un agriculteur qui aurait la meilleur foi du monde.

Le laboureur naturellement sédentaire,

H iv

a plus besoin qu'un autre artiste que les instructions viennent le trouver, qu'elles soient positives, et les méthodes simples et éprouvées. Attaché à ses foyers, il n'en sort presque jamais; il meurt ordinairement dans le hameau qui l'a vu naître; il cultive comme il a vu cultiver son père, il se sert des mêmes instrumens aratoires dont on se servait il y a deux ou trois cents ans, dans un temps où les laboureurs gémissaient sous la plus odieuse servitude, et où les observations sur l'agriculture étaient dédaignées. Il est donc de la dernière importance de l'éclairer sur ses travaux, et sur le mécanisme de ses instrumens. Quelle diversité d'opinions, par exemple, sur les charrues, qui varient elles-mêmes, et pour la forme, et pour les dimensions, non-seulement de province à province, mais même d'une élection à une autre, et souvent dans la même paroisse. Les uns attribuent de plus grands effets aux charrues montées sur un avant-train; les autres préfèrent celles qui n'en ont pas; ceux-ci vantent des charrues à une seule roue, des charrues sans soc, des charrues appelées *culti-vateur*. Ailleurs on préfère, pour toutes les terres en général, des charrues montées sur

des roues hautes ; des expériences, des cer-
tificats, en constatent et l'utilité et les
grands effets, tandis que dans le même
canton on assure que celles montées sur des
roues basses sont préférables. Enfin, par-
tout on ne rencontre que contradictions,
même sur la manière d'atteler les bœufs : les
uns, et c'est le plus petit nombre, veulent
qu'on les attelle par le col, d'autres par la
tête. Nulle expérience constante, comparée
et authentique sur chacune de ces charrues.
Il est donc nécessaire d'éclairer enfin le laboureur, asservi malgré lui-même à une routine de laquelle il n'ose s'écarter.

Déja la société royale d'agriculture a re-
connu la vérité de cette opinion ; déja elle a
proposé plusieurs expériences sur divers engrais, dont les effets sont ignorés ou com-
battus, et souvent prescrits pour un genre de
culture, qu'ailleurs on lui croit nuisibles ;
plusieurs des membres et des correspondans,
doivent y travailler concurremment, d'après
la programme publié à ce sujet, et elle aura le
gloire d'avoir fait le premier pas pour rendre
la culture florissante, puisque ses travaux
éclaireront le cultivateur d'une manière po-

sitive. Puissent les autres sociétés d'agriculture imiter celle de Paris, honorer comme
elle le laboureur, travailler à le soustraire à
ce qui reste de la féodalité, et ne donner
des préceptes qu'avec le flambeau d'expériences décisives et authentiques! C'est le seul
moyen de fixer les cultivateurs sur l'étrange
diversité des opinions ; d'anéantir enfin les
conseils dangereux, les recettes menson-
gères de tant d'écrivains ; de faire taire le
charlatanisme, qui se métamorphose sous
plus d'une forme pour mieux séduire : car
c'est autant en détruisant ce fatras de systêmes et de mensonges, qu'on peut étendre
l'empire de l'agriculture, qu'en annonçant de
nouvelles découvertes. Les cultivateurs res-
sentiront bientôt les effets de cette heureuse
révolution que va opérer la société royale d'a-
griculture, et j'ose assurer que ses mémoires
deviendront les véritables fastes d'une science
jusqu'alors négligée, quoique la plus utile.

CHAPITRE IX.

De l'utilité de faire parvenir à MM.
les Curés les instructions relatives
à l'agriculture.

S'il fallait réduire l'agriculture à un seul
précepte, il suffirait de dire aux agriculteurs : Procurez-vous la plus grande quantité possible de toutes sortes d'engrais, et
vous recueillerez des blés en abondance :
mais les céréales ne sont pas les seules richesses que la terre nous dispense ; elle est
prodigue à l'infini envers l'agriculteur qui
joint l'industrie à l'amour du travail , de
même qu'elle est marâtre envers l'indolent
et le paresseux, dans les endroits même où
son sol est le plus fertile. Combien de pro-
cédés utiles, de méthodes précieuses, d'ou-
tils aratoires , que l'expérience seule peut
perfectionner, et qu'il serait si important de
rendre publics !

Le meilleur moyen sans doute de persuader l'habitant de la campagne, est l'exem-

ple ; car il chérit sa routine ; il craint de s'en écarter , et n'aime point à innover ; les propriétaires instruits sont eux-mêmes en garde contre tout procédé nouveau , et ils n'ont pas eu tort quelquefois de s'en défier. Comment donc faire parvenir dans toutes les paroisses du royaume, des instructions, des découvertes utiles et précieuses ? Je ne crois pas qu'il y ait de moyens plus sûrs , plus efficaces , que de les adresser à MM. les curés par la voie des assemblées provinciales. Ces respectables et zélés citoyens ne manqueraient pas de les annoncer à leurs paroissiens , d'en recommander et faciliter l'exécution par des explications (1).

Ces secours sont d'autant plus nécessaires,

____

(1) L'utilité de correspondre avec MM. les curés du royaume , serait encore bien importante pour la notoriété des lois , tant de celles civiles et criminelles , que de celles fiscales , et dont l'ignorance de l'une d'elles a causé bien des infractions involontaires , et des peines multipliées aux gens de la campagne. Les lois civiles et autres , sont publiées une fois à l'audience d'un siége royal , et c'est-là la borne de leur publicité : ceux de la ville où réside le siége les ignorent souvent ? Comment serait-elle observée par le reste des peuples soumis à leur exécution , et qu'on punit en cas d'infraction ?

que les laboureurs ou métayers ne sortant presque jamais de leurs paroisses, ne pourront jamais perfectionner leur culture , si on ne leur envoie pas les instructions qui peuvent y coopérer avec d'autant plus de fruit , qu'elles leur seront annoncées par leur pasteur.

De quelle importance , par exemple , ne serait-ce pas pour l'agriculture, que le procédé publié par la société royale d'agriculture, pour éviter la carie ou le *noir* des blés , fût universellement connu et pratiqué. Il y a des cantons où cette maladie est si excessive, que le pain en est noir comme du charbon, a un goût acrimonieux qui , à la longue, peut corrompre la masse du sang , et finir par causer des maladies attribuées souvent au travail , aux fruits , ou aux climats qu'on habite.

Si les bienfaits et les précieux avantages qu'on peut retirer de la pomme de terre et du maïs , tels que les a si bien développés et fait sentir M. Parmentier , étaient connus, la culture en deviendrait bientôt générale , et ces deux plantes, dans quelques provinces , ne seraient pas traitées avec tant d'indifférence. Tant d'instructions sur les prairies artificielles , dont les secours sont par-tout nécessaires , même dans les cantons les plus fertiles en pâturages , vivifieraient cette branche d'agriculture , encore peu pratiquée et même presque ignorée dans plusieurs provinces ; enfin , des observations de la plus grande importance sur l'éducation des bestiaux , et sur-tout des bêtes à laine , publiées par M. Daubenton , à qui nous avons tant d'obligations , fourniraient aux cultivateurs de nouveaux moyens de multiplier, d'embellir et de perfectionner les races les plus belles. On dira peut - être que ces envois regardent plutôt MM. les intendans : mais si l'on peut espérer que les subdélégués les feront exactement , à qui seront-ils remis dans les paroisses ? A des syndics dont la majeure partie ne sait pas même lire , et est incapable de sentir comme MM. les curés , l'importance de ce qui leur est envoyé. J'ose adresser cette prière à MM. les archevêques et évêques , pour qu'ils engagent les curés diocésains à le faire , et nous devons l'espérer de leur zèle si manifesté pour concourir au bien général , à l'exemple du digne prélat chef des finances.

Tous les curés annonceront avec plaisir de nouvelles instructions à leur paroissiens, relatives à l'économie rurale, parce qu'ils savent tous que l'amour du travail accompagne toujours l'amour de Dieu, et qu'ils n'ont pas de paroissiens plus dociles, plus exemplaires, que ceux qui ne s'occupent que des travaux de la campagne : chaque publication d'instructions rurales, donnera lieu à des *comices agricoles*, comme il en existe déja dans la généralité de Paris, graces au zèle éclairé de M. l'intendant et de la société d'agriculture : leurs succès surpasseraient toute espérance, si ces assemblées étaient tenues dans tout le royaume. Chaque fois, elles auraient occasion de parler de la munificence paternelle du roi, du zèle de ses ministres, et enfin ces respectables pasteurs seraient doublement utiles; ils veilleraient au bien temporel comme au spirituel, dont l'analogie dans les effets est si grande, qu'ils sont presque inséparables : par ce nouveau moyen d'utilité, ils entretiendraient une morale salutaire dans leurs instructions pastorales, et s'attireraient de plus en plus l'estime publique.

CHAPITRE X.

De la destruction des Loups.

L'ÉDUCATION des bêtes à laine en France sera toujours fautive et imparfaite, tant que le régime actuel subsistera : l'Angleterre cependant, dont le climat est moins tempéré, plus humide que le nôtre, nous donne l'exemple et les moyens de le changer, même avec plus d'avantage. En Angleterre les moutons sont parqués, exposés à l'air, et ce régime n'existe que depuis que les loups sont détruits; en France, au contraire, ces derniers deviennent plus nombreux que jamais.

Je possède une terre dont une partie est dans l'élection de Joigni, où il ne se passe pas de semaine que les loups ne tuent ou ne mangent plusieurs bestiaux. Depuis un an j'ai observé le nombre de ceux qui en avaient été les victimes, chez le fermier d'une de mes métairies qui produit environ cinq cents liv. et dans un petit canton qui a tout au plus une lieue d'étendue :

Au

Au mois de mars 1786, ils ont tué
   une vache qu'on estimait . . . 80 l.
En juillet, un jeune poulain . . . 60
En septembre, à un manouvrier voisin,
   un jeune taureau 120
En octobre, à quinze pas de la maison, une jeument 240

TOTAL 500

Ainsi pendant huit mois, qui ne sont pas
ceux où le loup fait le plus de ravages, trois
particuliers qui ne possèdent pas trois cents
arpens, ont perdu pour cinq cents livres de
bestiaux. Je n'essaierai pas d'établir un calcul, parce qu'on ne doit en faire, lorsqu'on
parle au public, que de justes, démontrés
par les observations et la plus scrupuleuse
exactitude des faits : s'il était possible d'en
présenter un pareil, pour constater le ravage
des loups, le résultat serait effrayant, mais
salutaire, parce qu'il convaincrait sur les
pertes immenses que souffrent les cultivateurs; pertes d'autant plus réelles, plus dignes
de considération, qu'elles sont supportées
par les habitans de la campagne.

Déja le gouvernement a été affecté de

leurs désastres , et le roi a autorisé les intendans à récompenser ceux qui en tue-
raient ; mais les occasions et les récompenses
n'ont pas été et ne sont pas encore assez
excitées. Très-rarement les officiers municipaux provoquent des chasses ou battues
dans les bois : les paysans , qui d'ailleurs n'ont
pas le droit de porter de fusils , ne peuvent
se déterminer à passer leur temps à chercher et chasser un loup , que le chasseur le
plus expérimenté peut à peine débusquer ,
et rarement atteindre. Il serait donc nécessaire que chaque année il fût ordonné qu'on
fît plusieurs chasses , et qu'il en fût rendu
compte aux assemblées provinciales , qui
désigneraient les endroits les plus tourmentés
par ces animaux.

Le projet de détruire les loups ne serait
presque pas proposable , ni cru possible dans
son exécution , si les Anglais n'étaient venus
à bout de les détruire ; depuis long-temps
ils ressentent les heureux effets de cette destruction ; la beauté et la qualité des laines de
moutons exposés à l'air presque toute l'année , leur a ouvert une branche de commerce qui leur rend des millions du côté

du commerce des draps, qu'ils portent dans toutes les parties du monde, et a favorisé en outre l'agriculture de leur patrie. Mais s'il n'est pas possible de détruire les loups en France, qu'au moins on en diminue le nombre, et qu'à mesure qu'il paraîtra diminué, on augmente les récompenses.

Si l'état avait payé un million la tête du dernier, dans la même année il en gagnerait plus de vingt. Ah ! s'il n'y avait plus de loups ! si seulement ils étaient très - rares, combien de pays se couvriraient de brebis et de moutons, où il n'y en a pas du tout, parce que ces animaux sont trop communs ! Quelle quantité immense d'engrais perdue, soit par le défaut d'éducation des bêtes à laine, soit pour celui qui se perd dans le vague des pâturages, et qui, concentré dans les parcs, donnerait à nos terres un engrais commode, très-actif, et convenable à toute sorte de terre ! Comme les Anglais, nous ferions un commerce aussi étendu, si nos laines avaient le même degré de finesse. Nous possédons d'habiles manufacturiers, qui n'ont besoin que de belle laine pour faire de plus beaux draps encore que ceux d'Angleterre. Ce serait donc concourir aux

progrès de l'agriculture et du commerce.
Quel genre de vie différent pour ces timi-
des moutons , renfermés les trois quarts
de leur vie dans des étables, où l'air se
renouvelle peu , et où ils sont si pressés
les uns contre les autres, qu'ils peuvent à
peine respirer , et finissent par contracter
des maladies dangereuses. Ils pourraient
sans crainte fouler l'herbe des pâturages,
avant le lever de l'aurore ; il ne manquerait
plus à leur bonheur que d'être gardés sans
chiens ; cet animal qui leur est aujourd'hui
si utile , leur ami , leur défenseur , leur
cause néanmoins des terreurs , des sur-
prises dangereuses ; il les inquiète continuellement.

Ne devons-nous pas faire tous nos efforts
pour détruire, ou au moins diminuer le plus
possible , ces animaux voraces et destructeurs, qui affligent journellement l'habitant
de la campagne, et y causent des ravages
si affreux , si désespérans lorsqu'ils deviennent
enragés. Alors ils n'épargnent ni les animaux,
ni les *hommes.*

REFLEXIONS,

Sur les Moineaux.

Si les loups sont funestes aux troupeaux , dangereux et inquiétans pour les habitans de la campagne, il y a encore une petite race de loups ailés , qui, moins redoutés , moins cruels aussi , n'en font pas moins de tort aux cultivateurs : je parle des moineaux, dont un seul coûte par an , au moins un boisseau de grains du poids de vingt livres. Cet oiseau friand et gourmand , ravage presque toutes les productions destinées pour l'homme.

Pendant l'hiver il trouve moyen de s'insinuer dans les greniers et les granges, où il brave la rigueur du froid et de la faim , qui font périr tant d'autres oiseaux.

Pendant la belle saison , il déserte les greniers ; il visite avec plus d'assiduité que le maître , les vergers et les jardins ; et comme s'il était de la maison , comme si on avait semé ou planté pour lui, il dévore effrontément les premiers pois, les premières

I iij

cerises, etc. A défaut de ces méts friands, il se jette sur les blés long-temps avant qu'ils soient mûrs ; il fait plier la tige, par ses élans en balancier jusqu'à terre, ou il égrène le blé et s'en rassasie ; il digère promptement, et recommence de même ses dégâts et ses rapines.

La bonne nourriture, l'abondance parmi la gent moineaux comme parmi la gent humaine, favorisent la population en même-temps qu'elles l'a font désirer. Trois à quatre pontes de cinq à six œufs, donnent bientôt le jour à autant de moineaux, dont l'instinct promptement perfectionné, rend les enfans presque aussi habiles que le père.

Quelle immense population à la charge des cultivateurs ! combien de boisseaux de blé perdus ! ces ravages nouveaux pour bien des gens, ridicules ou futiles pour d'autres, ont paru pourtant assez sérieux en Angleterre, et en différens cantons de l'Allemagne, pour les proscrire, et mettre leur tête à prix comme celle des loups. Tout ce qui peut nuire aux récoltes chez un peuple agricole, ne saurait être indifférent, par ce que la principale loi civile, est de protéger l'agriculture.

Les moineaux sont si nombreux dans quelques endroits de la France, sur-tout auprès des bourgs et des villages, que les propriétaires sont forcés d'ensemencer en seigle, ou autres productions inaccessibles, d'excellentes terres à froment. Je citerai un fait qui prouve leur excessive multiplication. Un curé voulant faire recouvrir une chapelle, les ouvriers trouvèrent, tant sur les tuiles que sur les ravalemens, cent cinquante œufs, et cent vingt petits, sans compter ceux qui s'étaient sauvés; cette chapelle médiocrement grande, était peut-être le soixantième bâtiment du bourg. Qu'on juge maintenant de tous ceux qui y étaient. Ce fait lui parut si étrange, que depuis il a recommandé de détruire les nids dans sa paroisse.

Le dénombrement de ces oiseaux ne serait ni facile, ni possible à faire ; mais on ne peut disconvenir qu'ils sont extrêmement nombreux ; chaque année, à l'automne autour des hameaux et des villages, on en voit des milliers réunis, et il y a des villages en très-grand nombre , même des petites villes , où il y a plus de moineaux que d'habitans : ce ne serait peut-être pas exagérer, que de supposer en France autant de moineaux que d'habitans ; mais en réduisant ce nombre à la moitié , ce qui je crois est au dessous de la vérité , il s'ensuit qu'il y a au moins dix millions de moineaux, consommant chacun un boisseau de grain du poids de vingt livres ; c'est donc dix millions de boisseaux , qui , s'évaluant sur le pied de vingt sous, donnent un résultat qui prouve que les moineaux coûtent à l'agriculture dix millions d'argent.

Je ne sais pas au juste combien cet oiseau peut vivre ; les essais qui ont été faits à ce sujet dans les cages , ne sont pas assez exacts pour en inférer au juste la durée de sa vie ; la liberté chez tous les animaux ajoute à la mesure de l'existence : rarement on trouve des moineaux morts; leur domesticité les met à l'abri de la rigueur des hivers ; de sorte que l'âge seul les détruit, et il paraît qu'ils vivent au moins sept à huit ans.

Parmi les oiseaux carnassiers, il y en a

sans doute qui déclarent la guerre aux moineaux, mais ses ruses connues font présumer
qu'il est rarement la victime de ses ennemis ; car qu'on mette au milieu d'un champ
un fantôme menaçant, le matin il est sérieusement observé, il intimide ; à midi son
immobilité rassure, et dès le soir même,
ils viennent se poser sur l'épaule du fantôme,
pour y manger ce qu'ils ont maraudé à ses
pieds.

Que l'on tire sur eux à coups de fusil, la
première fois on pourra en surprendre quelques-uns, mais le premier coup est un signal
de défiance envers tous ceux qui les approchent avec cette arme, qu'ils semblent bien
distinguer : alors un d'eux fait sentinelle ; un
cri de convention promptement entendu ,
les fait tous fuir, car ils sont républicains
dans toute la force du mot ; en particulier
ils ont de fréquentes querelles, ils se battent
même avec un acharnement qui tient de la
cruauté, sur-tout lorsqu'il s'agit d'une infi-
délité ou d'une conquête d'amour ; mais leur
déclare-t-on la guerre en général, aussitôt
les disputes particulières sont oubliées ; ils
se réunissent tous, volent çà et là avec

précaution, et le salut commun, est une loi sacrée qu'ils observent très-exactement.

Les ravages, les pertes réelles que nous causent ces oiseaux, leur prodigieuse multiplication, leur inutilité enfin, car ils ne sont bons à rien, sont autant de motifs qui doivent nous porter à leur déclarer la guerre; je n'ose écrire ni conseiller d'en éteindre la race. Le moineau est au grand et beau tableau de la nature champêtre, une ombre intéressante : son plumage est peu colorié, mais sa gorge noire est belle et imposante; d'ailleurs, accoutumé à vivre auprès de nous, il répand la gaieté dans les hameaux; son chant réveille souvent le laboureur ou l'artisan; s'il est monotone, il nous sert au moins à écouter avec plus de délices les longs et doux accens du rossignol.

Le moineau est un héros en amour comme en ruses, mais il n'est pas tel en fidélité; bien différent de la tourterelle, du chardonneret, du rossignol, chez lesquels une douce et inviolabe amitié pour leurs compagnes succèdent à l'amour, et qui ne cessent de charmer les peines du couvage, par des ramages les plus tendrement accentués. D'aussi tendres soins ne l'occupent pas, à beaucoup près, autant que l'amour, qui paraît être sa *devise*.

Il n'est pourtant pas indifférent, ni pour sa compagne, ni pour ses petits; il leur porte à manger, il reste même sur les œufs, ou sur les petits quand la mère a besoin d'aller se rafraîchir; il devient furieux lorsqu'on veut enlever sa progéniture; il se précipite courageusement sur les animaux qui en approchent; il ne cesse de s'en occuper tant que leur faible voix l'avertit qu'ils sont dans l'esclavage; il voltige sans cesse autour d'eux, et les invite à prendre l'essor en les guidant, s'il peut parvenir jusqu'à eux : mais cette intrépidité si intéressante, ces regrets qu'il exprime si vivement, sont bientôt oubliés lorsqu'il n'entend plus ses petits. Dès le lendemain, l'invincible instinct de l'amour, fait taire les sentimens douloureux de la veille; il tourmente sa femelle, qui succombe à ses pressantes et amoureuses sollicitations; il s'oublie même quelquefois au point de lui faire sentir à coups de bec qu'il est le maître, et qu'elle doit céder.

Ce tableau , que bien des détails tracés par une plume élégante , rendraient encore plus intéressant , ne porte pas à l'idée d'une entière destruction ; mais il serait très-important que tous les cultivateurs s'occupassent d'en diminuer la race , en détruisant les nids , non dans les momens ou les petits sont éclos ; la main se refuse à sacrifier ces innocentes victimes ; mais il faudrait promettre une récompense à ceux qui représenteraient aux syndics ou aux subdélégués, un certain nombre d'œufs; par ce moyen le nombre en diminuerait successivement ; nos récoltes seraient plus ménagées : le tort immense qu'ils font , doit porter à s'en occuper sérieusement.

CHAPITRE XI.

De l'exportation des Grains.

L'EXPORTATION et la libre circulation sont si favorables à la prospérité de l'agriculture, si essentielles à celle du royaume, que tant qu'elles ne seront pas permises et libres, nous chercherons en vain les moyens de rétablir ou d'augmenter notre richesse nationale.

C'est une vérité généralement reconnue et constante dans les fastes de l'histoire, que quand la liberté du commerce est gênée dans l'intérieur d'un royaume, il tend insensiblement vers sa ruine. Les provinces les plus fertiles s'appauvrissent des productions qui y viennent avec le plus d'abondance.

Lorsque la France était en proie aux divisions, à la barbare féodalité, c'est-à-dire, lorsque chaque seigneur châtelain exigeait un tribut pour les marchandises qui passaient sur son territoire, le commerce était nul, et se réduisait à quelques exportations locales : ces temps malheureux sont changés, la servitude est abolie , les droits féodaux sont presque anéantis ; des routes superbes et multipliées , des canaux construits ou projetés , peuvent nous rendre les plus riches , les plus heureux , et par conséquent les plus puissans de l'univers.

Nous possédons le sol le plus fertile de l'Europe ; des moissons riches et variées peuvent couvrir nos terres ; nous pourrions récolter dix fois plus de blé , et il n'est pas permis de vendre et exporter aux étrangers le superflu de nos grains ! aux étrangers, chez lesquels nous portons une partie de notre argent , soit pour des denrées indigènes à notre climat , soit pour d'autres objets de luxe ou de consommation , que nous pourrions trouver chez nous ! aux étrangers, qui ne manquent pas de vendre leur grain , et même d'accorder des primes d'encouragement , lorsque la balance de l'exportation fait craindre un rallentissement.

Depuis long-temps plusieurs citoyens ont élevé la voix contre cette étrange conduite , mais leur voix s'est fait entendre dans un désert. Quelques ministres ont voulu mettre

en usage l'exportation ; on s'y est opposé
et on s'y oppose encore , malgré le vœu
unanime d'une assemblée auguste , composée
de plusieurs seigneurs et gentilshommes , et
de magistrats de différentes provinces ; cette
opposition est sans doute motivée , mais si les
motifs sont difficiles à pressentir , ceux en
faveur de l'exportation sont palpables et de
toute évidence.

Un particulier qui possède cent arpens de
terre labourable , a tout-au-plus chez lui
huit à dix personnes nécessaires à son exploitation ; alors douze , quinze ou vingt
arpens de blé lui suffisent pour les nourrir ,
et au-delà. Quel autre intérêt peut porter ce
propriétaire à en ensemencer un plus grand
nombre ? Le blé étant commun , il est à bas
prix , parce que tous les cultivateurs en ont
récolté ; il serait donc forcé de garder le
superflu , puisqu'il ne trouve pas à le vendre , de sorte qu'il s'habitue à ne cultiver
que ce qu'il lui faut à-peu-près , sur - tout
s'il n'est pas à portée d'une ville : il préfère de
laisser ses terres en jachères , qui ne lui
coûtent aucuns frais d'exploitation , et qui
lui servent à faire promener plutôt qu'à faire

paître ses troupeaux : heureux encore s'il substituait aux herbes spontanées et indigènes, des prairies artificielles !

Les propriétaires de terre ne vendent donc en blé que ce qu'il faut aux habitants des villes, qui n'ont pas de biens - fonds, aux artisans et aux manouvriers : que l'on considère maintenant si le nombre des habitans qui n'ont pas de terre, ou qui ne la cultivent pas, peut être un motif assez déterminant pour augmenter en France la culture des terres à blé. La proximité de chaque ville capitale, est un point presque imperceptible relativement à l'agriculture générale du royaume, et qui n'a et ne peut avoir d'influence que sur les cantons qui les avoisinent à une distance de quatre ou six lieues. Mais que cette considération nous serve en même-temps à représenter les grands et heureux effets de l'agriculture. Lorsque le cultivateur peut vendre ou échanger ses denrées, n'est-ce pas autour des villes qu'elle est florissante et active, et le cultivateur riche et aisé ?

La généralité de paris , toutes choses
égales

égales d'ailleurs, ne doit certainement sa richesse, sa belle culture qu'à la proximité de
la capitale, dont les besoins sont immenses
et continus ; les jachères sont inconnues à
deux et quatre lieues de Paris ; à six lieues
elles commencent à exister ; à douze on laisse
reposer long-temps les terres ; à vingt ou trente,
il n'y a que la moitié du terrain cultivé ;
enfin, dans bien des provinces de l'intérieur
du royaume, le quart est à peine en culture, les landes, les bruyères couvrent le
reste.

Le même tableau se retrace *en proportion*
aux environs des grandes villes, et diminue
ou augmente *progressivement*, en raison de
la population des villes et des bourgs. Ces
effets sont de toute évidence, et la cause n'en
est incontestablement dûe qu'à une *exporta-*
tion locale des denrées.

Quoiqu'il n'y ait qu'un très-petit nombre
de terres cultivées en blé, néanmoins nous en
avons plus qu'il ne nous en faut, puisque presque toutes les provinces en regorgent ; n'est-il
pas inconcevable que le cultivateur, par le
système de l'*inexportation* et de la consom-

K

sommation locale, soit réduit à restreindre sa culture, tandis qu'il pourrait s'enrichir en exportant du blé, en rapportant chaque année des fonds considérables de l'étranger, qui, depuis si long-temps, nous en appauvrit; tandis qu'on devrait accorder des *primes* à ceux qui le feraient dans les cantons où le transport est ou difficile ou coûteux.

Depuis 1689, les Anglais n'ont cessé de favoriser l'exportation des grains, en accordant cinq schellins pour chaque mesure de froment portée à l'étranger; la même faveur a été accordée pour les autres grains en proportion. Il a été prouvé dans le parlement, que l'exportation des grains avait valu, en quatre années, plus de 170 millions de France; et depuis long-tems l'agriculture honorée et encouragée, leur tient lieu des mines du Pérou et du Potose. Aux bienfaits de l'agriculture se réunirent, à la même époque, les ressources de l'industrie qu'ils trouvèrent parmi les Français, que la révocation de l'édit de Nantes fit réfugier chez eux, qu'ils s'empressèrent d'accueillir, de bien traiter et de nourrir pendant une année entière; enfin la raison, une vraie charité, la plus belle compagne des rois, une sage politique viennent triompher d'une erreur qui a trop long-temps duré.

Louis XVI a rappellé ses anciens enfans, son nom sera à jamais béni par tous ses sujets!

Ah! si l'exportation était libre, quelle heureuse révolution éprouverait bientôt notre patrie! nous posséderions des trésors inépuisables; toutes les terres seraient travaillées, les jachéres, que le système contraire rend en quelque sorte nécessaires, seraient abolies; nos terres, en se couvrant de riches moissons, fourniraient aux propriétaires, outre des grains de toute espèce, des fourrages en proportion, qui augmenteraient la masse des engrais et celle des alimens des troupeaux. Le laboureur, assuré de trouver dans sa culture des profits qui le dédommageraient de ses frais, ferait travailler davantage les manouvriers, qui, profitant du vil prix du blé, ne veulent plus travailler que pour de l'argent et à un taux excessif, ce qui rend l'un mal-aisé ou peu disposé à faire travailler, et l'autre insolent ou misérable.

L'aisance répandue dans les campagnes

ferait naître la population, la popualtion la force, la force la prospérité, la prospérité la puissance ; tout se correspond, comme on voit; tout état peuplé et policé est comme une horloge, la moindre édenture à une roue rend sa marche irrégulière, et il n'est plus qu'une machine de représentation, qui ne va que par secousses ou par violence, lorsqu'une des principales roues est cassée.

L'exportation, j'ose le dire, est le seul moyen de vivifier notre agriculture, et de rétablir en partie le *déficit* actuel. Ne sait-on donc pas que c'est par ce seul moyen que l'Angleterre, notre rivale, se soutient, et qu'elle ne doit son immuable et florissante constitution, qu'à la liberté de son commerce, sur-tout des grains, auquel elle veille continuellement? Cependant sa dette nationale est presque au cinquième de sa valeur réelle ou foncière, tandis que la nôtre, qui nous tourmente tant, est trente fois moindre.

Quelle circonstance plus favorable pour faire jouir les Français de cette heureuse révolution! 1°. La certitude et la nécessité de diminuer la dette nationale; 2°. les facilités que donnent tant de canaux joints aux grandes rivières; 3°. la grande abondance des blés qui sont en France ; 4°. l'occasion d'un traité de commerce, que l'exportation des grains pourrait au moins dédommager de l'inégalité qu'on prétend exister à notre désavantage; 5°. la guerre actuelle entre des puissances plus belligérantes qu'agricoles et auxquelles les Anglais ne manqueront pas de fournir des grains : enfin, il est temps de soulager les cultivateurs de France, que les impositions et l'inégalité des répartitions accablent et désespèrent.

S'il arrivait par la suite qu'une disette ou calamité rendît le blé rare, alors, sans doute, il serait nécessaire d'en suspendre l'exportation; mais ces mots de *disette* et de *calamité*, qui servent d'égide aux opposans, devraient au contraire être les motifs les plus déterminans en faveur de l'exportation ; car, qu'arrive-t-il, et qu'est-il arrivé ? Dans les temps de disette, les greniers sont fermés, la cupidité, qui n'a pas de bornes, espère toujours vendre plus cher, parce que les monopoleurs exagèrent les besoins : de-là les inquiétudes, les émeutes, les ruines des familles et la désolation dans les campagnes.

Si le blé, au contraire, était exportable, il y en aurait nécessairement une plus grande quantité, parce que la culture des terres serait doublée et triplée, et en aucun temps la disette ne serait à craindre : on pourrait au surplus établir des magasins dans différens endroits, qui préviendraient toute apparence de disette ; que le commerce en soit libre et soumis aux seuls intéressés, nous ne manquerons pas plus de blé que d'air et d'eau. On doit se ressouvenir qu'en 1770 et 1771, on fut contraint d'acheter du blé de l'étranger.

O Sully ! eussiez-vous jamais cru que les Français acheteraient du blé des Anglais !

La culture du *blé de mars*, inconnue dans plusieurs provinces de la France, peu considérable dans les autres, serait seule en état d'obvier aux disettes ; elle peut réparer l'impossibilité d'avoir pu ensemencer avant l'hiver, elle peut réparer les destructeurs effets de la grêle ou des gelées.

Le blé de mars, semé à la fin d'avril, même

au commencement de mai, peut très-bien
mûrir, ou il faudroit que l'été et les premiers
jours de l'automne fussent extraordinaires.
Est-il un climat, une contrée plus fortunée,
où, à deux époques si éloignées, dans la même
année, on peut semer et récolter les denrées
de première nécessité? et cependant dans ce
climat on y craint, on y a éprouvé des disettes :
peut-on avoir une preuve plus authentique
que, jusqu'à nos jours, l'agriculture a été
abandonnée à l'indifférence et à l'ignorance?

Les longues pluies de cette année viennent à l'appui de mes observations, et devraient bien faire ouvrir les yeux aux cultivateurs, sur les avantages de cette culture.
Combien de cantons en France, qui n'ont
pas été ensemencés et qui ne le seront pas, et
sont réservés ou pour l'automne prochain,
ou pour des récoltes d'avoine, dont la meil-
leure n'en vaut pas une médiocre d'orge ou
de blé de mars! tandis qu'au moyen des premiers guérets, des fumiers déposés dans les
terres, à l'aide d'un seul labour, on aurait
pu avoir des récoltes superbes, qui nous dédommageraient de la perte que l'intempérie
des saisons a occasionnée.

K iv

(152)

Espérons que bientôt les cultivateurs se re-
trancheront sur la culture de l'avoine (1), qui,
malheureusement, occupe aujourd'hui la moitié des terres où les chevaux sont en usage pour
leur exploitation : il est convenu et éprouvé,
1°. que l'avoine, dont les racines sont fortes et
multipliées, épuise beaucoup les terres; 2°. que
la plus belle récolte d'avoine n'en vaut pas une
médiocre de blé, même d'orge; 3°. que l'orge
est plus nutritive que l'avoine; que les chevaux
la digèrent mieux: il est évident encore, qu'en
succédant alternativement au blé, dont la végétation a une grande analogie avec elle, la
terre s'épuise beaucoup, et que les fumiers,
à la longue, ne sont pas en état de réparer

----

(1) On ne croira pas qu'un auteur moderne, qui s'annonce pour être l'apôtre de l'*humanité* et de la raison, conseille de préférer l'avoine au froment; selon lui, la culture
de celle-ci est moins pénible, moins coûteuse, et la récolte
presque toujours sûre et abondante. Il est vrai qu'il n'adopte
pas le pain d'avoine ; mais il conseille d'y substituer le
gruau. La boulangerie est, selon lui, l'art de gâter le
froment ; enfin si on l'en croyait, il réduirait toute l'humanité à la nourriture de la plus jeune enfance ou de l'extrême
vieillesse, A LA BOUILLIE. Le pain, dit-il, est pour le
pauvre un supplice, un poison lent..... J'invite le lecteur
à lire l'avertissement du traité de la châtaigne, de M. Parmentier dans lequel il a répondu aux assertions du célèbre
écrivain dont il s'agit.

la déperdition des mêmes sucs nutritifs; mais
le temps, la tranquillité, l'aisance, la com-
paraison des effets, les représentations des sociétés d'agriculture, peuvent seules amener
cette révolution.

CHAPITRE XII.

Du Tabac.

La majeure partie de la nation a l'*habitude* ou la *manie* de prendre du tabac ; car ces deux mots trouvent leur application parmi ceux qui en prennent et ceux qui le dédaignent. Ces derniers le jugent pour le moins très-inutile ; la longévité de nos ayeux qui n'en prenaient pas, est leur plus fort argument. Les premiers en exaltent les effets : il excite le développement des idées, il charme l'ennui et la solitude, il est utile, il est agréable..... La question paraît décidée en leur faveur ; car... *omne tulit punctum, qui miscuit utile dulci.* Je ne me permettrai certainement pas d'hasarder mon opinion sur cette controverse ; mais, quoi qu'il en soit, la consommation du tabac est très-salutaire aux revenus de l'état : de tous les impôts, c'est le plus doux, c'est le triomphe du génie fiscal, il rapporte environ trente millions, et il me paraît certain qu'il en rapporterait le double, si nous n'allions pas nous en approvisionner

en Amérique et ailleurs, où nous portons
notre argent, avec de très-grands frais et trop
probablement pour toujours.

La plante du tabac est devenue indigène à
notre climat, sur-tout à la Bourgogne, au Bourbonnais, au Berry, à la Franche-Comté, à l'Or-
léanais, etc., etc. Les provinces où la culture
en est permise en produisent d'excellent; il le
serait également, et bien préférable à celui
qui nous vient de l'étranger, qui souvent con-
tracte un mauvais goût pendant le trajet des
mers, ou par les avaries, ou par la négligence
infidèle des commis et gardes-magasins.

Je prévois la grande objection : » Si la cul-
» ture du tabac était libre, il n'y auroit plus
» de ferme exclusive, par conséquent plus
» de revenus «.

Mais il serait très-possible, et en même tems
indifférent pour la ferme, de permettre la
culture du tabac en France, en réservant aux
substituts des fermiers la manipulation exclusive, et en imposant aux cultivateurs, dont
le nombre serait fixé, l'obligation de déclarer
leur culture de tabac et les jours de moisson,

sauf à regarder comme étrangers et frauduleux ceux qui ne seraient pas déclarés. Enfin, fallût-il circonscrire des terreins considérables avec une *muraille* aussi haute que *la trop fameuse* qui entoure et *renferme* Paris, il en résulterait le plus grand bien pour le royaume: 1°. Les endroits privilégiés enrichiraient les propriétaires. 2°. Cette culture emploirait beaucoup d'ouvriers, ainsi que la manipulation première. 3°. Le prix de la plante, les frais de culture et de manipulation répandraient, dans différentes classes pauvres, *un argent bien utile*. 4°. Enfin, nous ne porterions pas notre argent chez des étrangers. 5°. Les grands frais de transport et de régie diminueroient beaucoup. Je ne sais si je me trompe, mais je crois que la politique et la raison exigent ce changement de régime.

Que dirions-nous des habitans de l'île de Taïti, qui iraient chercher à deux mille lieues des denrées qui leur sont, ou devenues par l'habitude, absolument nécessaires, des denrées qui leur coûtent très-cher, pour lesquelles, cependant, l'argent est quelquefois rare, toujours utile; tandis que leur sol très-fertile peut

les produire abondamment et d'une qualité
supérieure?

Que dirions-nous encore, si pouvant cultiver celles de première nécessité, telles que
l'arbre à pain, il leur était défendu d'en exporter
un seul chargement, tandis que leur terrain,
très-fertile, pourrait être couvert d'arbres à
pain, et que la moitié est en jachères ou sans
culture? Nous les plaindrions, nous les trai-
terions de sauvages malheureux, nous leur
souhaiterions quelques financiers pour les
éclairer.

Mutato nomine de nobis fabula narratur.

CHAPITRE XIII.

De la Mendicité.

C'est un grand malheur pour l'Etat, pour les mœurs et pour l'agriculture, qu'il y ait des mendians, des vagabonds : leur existence nuit à l'harmonie de la sociabilité et de la police ; elle est criminelle en quelque sorte, puisqu'ils usurpent le patrimoine des vrais pauvres ; et elle rappelle sans cesse au gouvernement la nécessité d'en détruire ou diminuer la cause, en séquestrant de la société les malheureux qu'un égarement, les vices ou la débauche portent à mendier et à errer dans le royaume. Heureux encore quand la privation de leur liberté, la honte attachée aux asyles qui les renferment, peuvent leur faire apprécier le prix du travail, et sentir le bonheur et l'honneur d'être un citoyen irréprochable, et un père de famille protégé par le roi et par les lois !

Le gouvernement affecte chaque année des sommes considérables pour l'entretien et le régime des dépôts de mendicité ; mais comme les grandes villes recèlent nécessairement plus de mendians et de vagabonds, en ce qu'il y a plus d'occasions d'être ou de devenir libertin et débauché, c'est auprès d'elles que les dépôts sont placés : là, on les occupe ordinairement à divers petits travaux, la plupart frivoles ou mal faits, pour que l'oisiveté n'empoisonne pas encore le peu de liberté qu'on leur laisse.

S'il était possible de distinguer et de bien s'assurer de la cause qui porte à mendier, il serait également possible et juste de classer et de ne pas confondre des infortunés que des circonstances malheureuses et momentanées forcent souvent à mendier, avec des libertins fainéans et dépravés, et quelquefois criminels. Mais s'il n'appartient pas à l'homme de lire au fond des cœurs ; si d'ailleurs l'imposteur sait si habilement prendre le masque de l'innocence, il est un moyen presque infaillible pour juger les uns et les autres : c'est par l'amour du travail, c'est par les remords, vivement et souvent exprimés, qu'on pourra bientôt distinguer l'homme uniquement malheureux, victime du sort ou de la passion d'autrui, d'avec le vagabond débauché.

Mais à quel genre de travail occuper réel-lement ceux qui sont coupables du délit de mendicité? Tel qui sait les premiers élémens d'un métier, ne serait pas en état de conduire un ouvrage à sa perfection ; tel autre pourraît en savoir un, et ne l'exercerait pas, parce que les dépôts n'ont pas des atteliers pour tous les métiers.

Il en est un bien simple qu'ils peuvent et de-vraient tous connaître, celui de travailler à la terre : de toutes les occupations, ce serait celle qui pourrait corriger plus utilement, la plus économique, et qui dédommagerait en quel-que manière la patrie des maux que la men-dicité lui fait (*).

(*) Il faut convenir cependant, que de tous les royaumes de l'Europe et peut-être du monde entier, la France est celui où il y a le moins de mendians: autant ils étaient nom-breux autrefois, autant ils sont rares aujourd'hui ; et il fau-drait avoir la manie de l'exclamation, qui n'est que trop commune, pour dire autrement; c'est un hommage de plus que doit la vraie philosophie à la tendre sollicitude de nos rois et de leur gouvernement. D'ailleurs, il en est de la mendicité comme des autres vices attachés à l'humanité; il y aura toujours des mendians, comme il y aura tou-jours des ivrognes et des joueurs. On ne peut avoir oublié l'histoire des *Calains*, et les troubles qu'ils causaient dans les provinces et dans l'intérieur des familles. Il n'y a pas

Il est indispensable, sans doute, qu'il y ait des dépôts auprès des villes, puisqu'elles en fournissent le plus grand nombre; mais il serait bien important que le séjour de ceux qu'on y conduit ne fût que passager, et borné au seul terme nécessaire aux accusés de mendicité, pour se justifier et prouver qu'ils ont un domicile et une réputation à l'abri d'un pareil reproche; car trop souvent des captureurs ont abusé de la similitude et de l'apparence, pour augmenter leurs salaires, et rendre de malheureux indigens victimes de leur barbare avidité.

---

quinze ans encore, que les associés très-nombreux de maladreries, désolaient quelques provinces de France, surtout le Berry, le Limosin et le Poitou; ils ne vivaient que de quêtes qu'ils obtenaient quelquefois par pure aumône; parce qu'ils avaient l'art de se défigurer et de s'estropier; mais plus souvent ils employaient les menaces, les jongleries, l'effroi des sortilèges : les paysans effrayés accordaient ce qu'ils voulaient, et il était dangereux de les refuser; en un mot, ils étaient de vrais frélons qui n'avaient d'activité que pour piller le bien d'autrui.

M. Turgot alors intendant à Limoges, et pour qui le moindre fléau des campagnes excitait tout son zèle, les fit assujettir à la taille et à toutes les contributions payées par le peuple, prit toutes les mesures possibles pour les empêcher de quêter, et aujourd'hui ils travaillent à la terre, et ont renoncé à mendier. Je me plais à rapporter ce trait d'administration particulière, puisqu'il me donne l'occasion de rendre un nouvel hommage à la belle ame de ce ministre.

L.

La translation des mendians dans des endroits incultes et nécessiteux, paraît offrir infiniment plus d'avantages que leur séjour auprès des grandes villes, où sont entassés et renfermés dans des murs tant de malheureux qui n'y servent presque à rien, qui y abrègent leur vie, condamnés souvent à l'oisiveté, au méphitisme de lieux infectés, ou à la cruauté des préposés, et qui coûtent beaucoup à l'état.

Combien de milliers d'arpens en friche, dans la Champagne, le Berry, le Poitou, la Bretagne, qu'ils pourraient cultiver? L'assemblée provinciale de la généralité désignerait les endroits à défricher; on leur ferait dresser des tentes amovibles ou des cabanes pour les loger; là, sous la même inspection de ceux qui président aux dépôts de mendicité, et en prenant les précautions d'une police très-facile à faire exécuter, on prescrirait aux plus forts des tâches à remplir par jour: à ceux qui seraient invalides, on ordonnerait différentes occupations sur les terrains déja défrichés; en un mot, bêcher, planter ou semer, cultiver et récolter serait le devoir commun.

Lorsque l'inspecteur-général serait convaincu que quelques-uns des mendians n'abu-

seraient plus de leur liberté , il les congédie-
rait , mais en les obligeant de rapporter à
une époque l'attestation du Curé de la paroisse où il déclareraient aller demeurer, sous
la peine d'être sévèrement puni, et scrupuleu-
ment recherché.

Quelques récompenses , quelques égards
animeraient leurs travaux; on prendrait sur
leurs récoltes une somme pour la répartir entre eux , et qui serait à leur disposition. Le
régime seroit doux et humain , mais en même tems il serait essentiel de punir sévèrement la moindre faute. L'exécution au surplus étant surveillée par les assemblées provinciales, tout se passeroit dans le meilleur
ordre possible : les vices de police extérieure
ou intérieure seraient bientôt changés , et le
vice serait puni, sans outrager l'humanité ; la
mendicité, si j'ose m'exprimer ainsi , deviendrait un objet d'utilité. Telle est l'heureuse
influence de ces augustes assemblées, dans le
sanctuaire desquelles viendront s'anéantir tous
les abus, tous les fléaux de la patrie, et principalement celui de la mendicité. Ah ! puissent-
elles long-temps durer ! car on doit craindre les
efforts combinés de ceux que les abus enrichissent.   L ij

PRINCIPAUX AVANTAGES DE CE RÉGIME.

1°. L'argent donné et dépensé par le gouvernement pour la mendicité, fructifierait au centuple dans l'intérieur des provinces ; la consommation, l'entretien de tant d'individus et de ceux qui les surveilleraient, occasionnerait une dépense, une *circulation d'argent* qui répandrait l'aisance dans quelques cantons éloignés des grandes villes, et entourés de terrains stériles et immenses.

2°. Les frais en tout genre seroient moins coûteux, les denrées à meilleur marché, d'où il résulterait une économie que les inspecteurs pourraient employer à perfectionner les défrichemens, ou à l'éducation de bestiaux très-productibles pour l'établissement.

3°. De ce régime, il en résulterait surtout un effet de la plus grande considération ; la honte, les peines, l'esclavage ignominieux dont seraient flétris les forçats, répandraient la plus utile leçon, celle de *l'exemple de la mendicité punie*, leçon presque inutile dans les dépôts, où l'oisiveté et l'indolence sont en quelque sorte sa sphère naturelle.

4°. Les dépôts auprès des villes ont l'inconvénient que les mendians qui sont relâchés, retournent se mêler dans la foule des cités, où les mêmes causes ne tardent pas à produire les mêmes effets. Eloignés des villes, habitués au travail, ils deviendraient plus probablement laborieux ; le séjour de la campagne porte naturellement au travail, et celui des villes où sont réunies tant d'occasions de libertinage, tant de besoins en tout genre, porte plutôt à la paresse; et c'est toujours rendre un grand service aux hommes vicieux, que de leur éviter les écueils où ils ont déjà échoué si souvent et comme malgré eux.

5°. Le *meilleur métier* qu'on puisse apprendre aux gens de cette espèce, est *celui de travailler à la terre*. Pour un métier il faut de l'argent, de l'occupation, et l'artisan qui manque de l'un ou de l'autre (ce qui arrive trop souvent) tombe dans l'indigence. Si à quelques égards le luxe est nuisible, c'est, je crois, sous ce rapport particulier. La multitude des objets de luxe , jointe à ce que leur exécution exige moins de peine de corps, a nécessairement excité beaucoup d'artistes et artisans qui ont été victimes des variations du luxe, des modes et du prix des denrées, et qui, après avoir vieilli ou s'être habitués à un métier doux et facile, ne sont plus en état de travailler à la terre. D'ailleurs, est-il une punition plus juste et plus raisonnable, que de forcer des fainéans à reconnaître leur premier devoir, en couvrant la terre de leurs sueurs, que tant de laboureurs pères de famille cultivent ainsi tous les jours?

6°. Plus les travaux auxquels on emploie les mendians dans ces dépôts, sont utiles et nécessaires, plus ils appartiennent de droit aux ouvriers des villes qui sont établis, et pères de famille , que l'administration doit préserver de l'indigence et de la misère, en leur procurant constament de l'occupation.

7°. On pourroit abandonner les terrains défrichés et cultivés aux pauvres des paroisses voisines, à la charge d'en continuer la culture , ou les céder à des particuliers aisés , à condition d'en payer une rente à l'hôpital le

plus prochain , pour l'entretien des vrais pauvres , infirmes ou honteux.

Les inspecteurs, qu'il faudroit nécessairement *récompenser* et *honorer*, pourroient
introduire des méthodes précieuses de culture,
que la routine repousse presque toujours, et
que l'exemple ferait accueillir (1).

Ce parti seroit , il me semble, bien plus
avantageux que celui qui existe, et préférable encore à celui de renvoyer les mendians
dans leurs paroisses , où on leur distribueroit
des secours. Le renvoi ne serait utile que
pour les femmes , les enfans et les infirmes ;
mais les fainéans, malgré les travaux qui
leur seraient offerts comme secours, profi-
teraient des mêmes circonstances pour mendier, et l'ivrogne libertin ne travaillerait tout

---

(1) Je n'ai pas parlé d'employer les mendians à la confection des routes, parce que les corvées étant converties en prestation d'argent, il est bien juste de laisser aux manouvriers
sédentaires et pères de familles, les salaires que distribuent
les entrepreneurs. Si les corvées se faisaient en nature, il
serait plus nécessaire de les employer sur les routes que
dans les défrichemens : cela est incontestable; les opinions
sont ou doivent êtres assujetties aux fluctuations des actes
du gouvernement.

au plus que pour boire. Il y a des vices malheureusement , ou plutôt des vicieux, que ni
le châtiment , ni la honte de l'esclavage, ni
l'aspérité du travail ne peuvent corriger.

D'ailleurs, il y a presque par-tout des mendians , et il n'y a pas de paroisses où les manouvriers ne trouvent à travailler ou pour un
prix ou pour un autre. A ceux qui aiment à
s'occuper, les travaux de l'été offrent des ressources qui peuvent au moins les mettre à l'a-
bri de l'indigence pendant l'hiver ; mais l'expérience ne confirme que trop que pour les
mendians et les vagabonds, il n'y a ni hiver
ni été pour travailler.

Il serait à craindre qu'en jetant les mendians dans leurs paroisses, elles ne fussent ve-
xées et tourmentées par ces malheureux, qui
ont déjà perdu toute honte, et que voyant dans
leur paroisse, plus qu'en aucun autre en-
droit, *la perspective de l'impunité*, ils ne
se livrassent à leur penchant, et aux désordres qui en sont la suite : il arriverait que
l'administration emploierait beaucoup d'argent , et pour les secours des paroisses, et
pour les dépôts, qui n'en seraient pas plus
vuides.

Les vrais pauvres trouvent toujours des au-
mônes dans leurs paroisses ; ils *ne s'expa-
trient jamais* : ils travaillent quand ils le
peuvent ; enfin ils obtiennent toujours du pain
et un asyle, que les mendians renvoyés, sans
être corrigés, usurperaient et pourraient trou-
bler ou corrompre (1).

____

(1) Si un jour certains crimes ne sont pas punis de mort....!
que ceux qui seront condamnés soient plutôt employés aux
travaux de la terre, que renfermés à perpétuité. Un homme
peut défricher huit arpens par année au moins ; deux cents
en défricheraient seize cents, etc. etc.

CHAPITRE XIV.

De la trop grande largeur des routes.

L es plaintes du peuple, les cris de tant de citoyens sensibles et vertueux, ont enfin pénétré jusqu'aux pieds du trône. Un édit mémorable a converti les corvées en une prestation d'argent qui soulage beaucoup l'agriculture, et remplit mieux le but de l'administration, en ce que les routes seront mieux travaillées, et avec plus de solidité, que par les malheureux paysans, qui n'étaient ni maçons ni architectes; ils s'acquitteront de ce dur devoir avec de l'argent, et c'est toujours beaucoup que d'éviter la corvée pour eux et leurs bestiaux.

Les longues discussions qui ont eu lieu avant cet édit, pour examiner et peser tous les inconvéniens de tel ou tel régime proposé, doivent m'interdire toute réflexion sur la possibilité d'alléger encore davantage le peuple de la campagne; mais je réclame en faveur de l'agriculture contre l'excessive largeur des routes

et chemins qui enlève tant de terrain cultiva-
ble, et la fureur des alignemens, qui fait sacrifier
des terrains précieux, pour de petits propriétaires (car on craint un peu plus les riches),
tandis qu'une courte diversion eût fait passer la route sur un terrain presque stérile.

Que le luxe des routes se trouve aux environs de la capitale, où un concours immense de voitures, charrettes, carosses et
chevaux, le rend en quelque sorte nécessaire, et la magnificence tolérable. Mais
que sur une route de traverse de village à
village, d'un château à un autre, on fasse des
routes semblables, c'est abuser des ordres du
roi, et enfreindre la loi sacrée de la propriété.

Le même défaut subsiste dans les routes
principales de l'intérieur du royaume, et cette
largeur n'est nécessaire que dans les bois, les
forêts, et aux approches des grandes villes. Le
luxe des grandes routes enlève à la France
un terrain qu'on peut, sans se tromper,
équivaloir à l'étendue d'une de nos plus grandes provinces. Bientôt on reconnaîtra et on
sentira le tort immense que la largeur et l'a-

lignement des routes a fait à l'agriculture ;
lorsqu'elle sera florissante , lorsque tout sera
cultivé ; et je ne désespère pas qu'un jour à
venir, les propriétaires n'obtiennent la permission de les réduire à une largeur convenable ; l'utilité des routes se portant toujours vers les endroits *les plus habités,* et
conséquemment *les mieux cultivés ,* il en
est résulté et il en résulte qu'elles envahis-
sent en pure perte, par leur largeur, un terrain précieux, malgré les représentations les
plus équitables des propriétaires ; mais comme
s'il n'y avoit qu'une mesure , et de beauté
réelle que dans les routes alignées, telle que
celle de Paris à Fontainebleau , il faut
céder.

Si l'agriculture a pu recouvrer quelques
avantages sur la perte des terrains, par la plantation des arbres , pourquoi s'est-on obstiné
à n'y mettre que des ormes , des frênes
et des tilleuls , arbres très-bons, j'en conviens, pour le charronage, mais dont on
se sert si rarement, sur-tout des ormes , auxquels il faut près d'un siècle pour avoir deux
pieds de diamètre ? Les arbres à fruit ne seraient-ils pas préférables mille fois , et les

espèces n'en sont-elles pas assez variées pour assortir chacune d'elles à la qualité du sol ?

M. Turgot, aussi zélé citoyen que digne ministre, a fait planter autant qu'il a pu, sur la route de la généralité de Limoges, tantôt des châtaigniers, des pommiers, des poiriers, des chênes, et l'orme n'y occupe de place qu'aux environs des villes. Nous ne manquerons jamais de bois de charronage, mais nous ne saurions trop avoir de productions utiles. Une avenue de châtaigniers ou de pommiers, et même de chênes, en vaut bien une d'ormes ou de tilleuls, ou de ces arbres étrangers à notre climat, que la mode, plutôt qu'un intérêt réel et raisonné, a adopté avec profusion. Déja on commence à se repentir d'avoir fait abattre des chênaies superbes, pour y substituer un parc monotone, rempli de tilleuls, acacias, cèdres, pins, etc. etc. Mais le tems, ce grand maître, nous apprendra que ce qui est utile, est presque toujours beau. Tous ces arbres improductibles, sont à l'agriculture ce que sont les célibataires à la société, avec cette différence cependant, que les arbres sont à la longue utiles, lorsqu'on les coupe, et que les célibataires sont toujours au moins inutiles, et trop souvent la peste de la société et des mœurs , sur-tout dans les grandes villes (1).

____

(1) Chez les Romains, on condamnait à l'amende ceux qui ne se mariaient pas : l'époque où cette loi fut publiée, en justifie la sagesse, l'utilité et les motifs, que nous pouvons très-bien nous appliquer. Puissions-nous les imiter, en assujettissant chaque célibataire laïque, âgé de 30 ans, à payer , en proportion de son état, de son rang et de sa fortune, une somme quelconque, employée ou au soulagement d'une nombreuse famille , ou à l'éducation d'un enfant-trouvé ! Cette loi serait reçue avec acclamation : l'homme marié est attaché à son bien , à sa femme, à ses enfans , à sa patrie ; le célibataire est souvent égoïste, ou du moins tend à le devenir : l'homme se doit à la société, avant de songer à lui.

____

CHAPITRE XV.

Réflexions générales sur quelques autres abus.

Il existe sans doute bien d'autres abus, qu'il n'est pas au pouvoir des lois de détruire, mais que l'amour du bien public peut seul ou modifier ou anéantir. Malheureusement ce sentiment ne se détermine trop souvent qu'avec le concours de l'intérêt particulier. Peu de propriétaires ont le généreux et civique courage de lui sacrifier leurs propres intérêts, de contrarier des usages consacrés par les coutumes ou par un long-tems, d'innover ou d'attaquer des usages vains ou barbares, que l'orgueil et l'empire de la féodalité ont fait imaginer et entretiennent encore dans beaucoup d'endroits.

Je suis bien loin d'accuser notre siècle d'indifférence ; jamais il n'y eut plus de bienfaiteurs, plus de vrais citoyens et plus d'excellentes vues : les souscriptions volontaires pour les quatre hôtels - Dieu de Paris, les sociétés philanthropiques, les associations de bienfaisance qui se forment tous les jours dans les principales villes du royaume, les

traits généreux et héroïques de tant de per-
sonnages du plus haut rang , comme du
dernier et de tous les âges, honorent à jamais
les citoyens qui ont le bonheur de pouvoir être
utiles. Le malheureux est par-tout soulagé, le
pauvre est accueilli ; les mendians sont plus
rares, et on voyage avec plus de sécurité.
Je ne citerai point tous les traits connus
qui caractérisent la bienfaisance ou le courage
civique ; le nombre en feroit un volume qui ,
au surplus, vaudrait bien un livre sur la
tactique.

Il existe sans doute des égoïstes , des
libertins , des hommes impies et dépravés ; mais ce n'est que dans la capitale
qu'ils sont nombreux, et on ne cessera d'y en
voir ; réflexion triste et décourageante pour
les protecteurs des bonnes mœurs , et qui devrait bien aussi adoucir le fiel des détracteurs
denotre âge, qui voient tout en noir, crient au
désordre général , à l'hypocrisie, en entendant
le récit d'un acte de bienfaisance, et n'en
donnent pas pour cela un sou aux pauvres
(sans doute pour n'être pas hypocrites) ,
comme si la publicité d'une bonne action ,
d'une généreuse aumône, n'étoit pas préférable

rable à la neutralité d'une vie toute contemplative.

D'ailleurs, tel est le sort d'une si nombreuse population réunie, où le contraste des intérêts, la multiplicité des classes des habitans, la diversité des opinions, la multitude des besoins, la facilité de contenter ses goûts et ses passions, la fainéantise, mère de l'escroquerie, l'empire du luxe, feront toujours trouver à côté des hommes bienfaisans et vertueux, des gens libertins et corrompus : mais le nombre des bons citoyens domine ; cette idée console, et fait espérer les plus grands efforts pour notre agriculture, et pour les malheureux paysans, depuis si longtems oubliés.

§. 1.

L'instabilité des baux est un de ces abus cachés et accrédités qui nuisent beaucoup à l'agriculture : il décourage, il ôte toute idée d'entreprise qui pourroit durer quelques années : les fermiers n'osent pas défricher, n'ont aucun intérêt pour planter des arbres, des vignes, des bois, des haies, améliorer les

M

terres ou les prés. En effet, que peut faire ou entreprendre un fermier dont la durée du bail est de trois , fix ou neuf ans au plus ? A peine a-t-il connu le terrain , a-t-il fait quelque effort pour l'améliorer , qu'il se voit ou augmenté, ou contraint de céder les fruits de ses travaux à un autre qui éprouvera le même sort.

Je conviens d'avance que la loi sacrée de la propriété doit être respectée , et qu'il doit être permis à un propriétaire d'imposer telle condition qu'il lui plaît à un fermier : mais sans rien perdre de leurs droits , et en favorisant leur intérêt particulier , les propriétaires gagneroient beaucoup à augmenter la durée de leurs baux ; la raison et l'expérience concourent à le persuader , comme on le verra plus bas.

Cette instabilité règne sur-tout pour les biens des ecclésiastiques : la mort , ou le changement d'un titulaire , suffit pour casser un bail et ruiner un fermier ; ce qui fait d'autant plus de tort à l'agriculture , que leurs biens sont tous affermés , et très-considérables. Mon opinion à cet égard est celle de tous les agriculteurs et de toutes les sociétés d'agriculture. Qu'il seroit donc à désirer que le clergé de France prît cet abus en considération, en assujettissant les titulaires à faire des baux qui seraient au moins de 15 à 20 ans, pendant lesquels le fermier pourrait défricher, planter, cultiver et améliorer, et le titulaire jouir, après cette révolution, de la progression du prix des denrées ou des baux à ferme ! Ce nouveau régime devrait d'autant moins trouver d'opposition, que les revenus des bénéfices sont des dons et des bienfaits ; les titulaires ne pourroient donner une plus grande marque de reconnoissance envers les collateurs et la patrie, qu'en concourant au bien général.

Il est d'usage encore dans les baux, d'astreindre les fermiers à ne pas *dessaisonner*, ou *dessoler* les terres, ni *labourer les prés*, c'est-à-dire qu'ils sont forcés d'ensemencer les terres qu'ils ont trouvées en labour, et de les laisser au même état à l'expiration de leurs baux ; clause tout à-la-fois funeste et absurde : car il en résulte, 1°. que le fermier qui n'a que 3, 6, ou 9 années à jouir, épuise les terres labourées en ne les ensemençant qu'en blé ; 2°. qu'il est contraint de suivre la marche prescrite par la routine et par son bail , pour y mettre du blé l'année suivante. La moindre interruption le mettrait dans le cas de ne pas jouir de la dernière récolte à la fin de son bail, et serait en outre la matière d'un procès. Ainsi une seule clause presque généralement suivie , adoptée et consacrée par la jurisprudence et les tribunaux , entrave la culture des terres , et l'assujettit à une routine absurde et dangereuse.

Les jachères sont la principale cause que l'agriculture languit en France ; elles n'ont d'abord existé que parce que les engrais n'ont pû être proportionnés à l'étendue des terres labourées , et la transmission à la longue de cet usage , a passé malheureusement pour un des grands principes de l'agriculture. Bientôt on reconnaîtra le tort immense que font les jachères ; bientôt on se persuadera que la terre bien travaillée , et fournie d'engrais , quels qu'ils soient, peut rapporter tous les ans , pourvu que les productions soient variées.

Laissons donc nos fermiers ensemencer les terres de la manière qu'ils voudront ; laissons les pratiquer des prairies artificielles sur les terres qui ont coutume de porter du blé : c'est le seul moyen de réparer leur épuisement, et de les disposer à une longue fertilité : laissons leur mettre la charrue dans les prés que la vétusté ou la trop grande quantité de mauvaises herbes nécessite qu'ils soient renouvelés ; tâchons de trouver des fermiers laborieux, honnêtes et intelligens, et qu'un bail un peu long les mette dans le cas d'améliorer les biens affermés, et de s'y faire un bien-être, bien juste récompense de leurs peines, et des risques qu'ils ont courus.

Au lieu de faire dépendre la *résolution* d'un bail de certaines clauses légères ou capricieuses, il vaudrait bien mieux assujettir le preneur à planter des arbres à fruit ou forestiers, à défricher un certain nombre d'arpens, à établir des prairies artificielles, dût-on lui donner quelques indemnités en cas de succès, ou lui faire supporter une augmentation s'il ne le faisait pas.

C'est sur-tout pour les domaines engagés, qu'une loi mal entendue, peut-être, rend *inaliénables* (car ce mot seul empêche les en-

gagistes de planter des bois, d'améliorer,
de bâtir, d'échanger); et pour les biens ecclésiastiques, que ces clauses utiles devraient
exister : car si les propriétaires laïques ou-
blient et méconnaissent souvent leur intérêt, la transmission de leurs biens à leurs
enfans ou à leur famille doit au moins les
faire croire assez vigilans pour tirer le meilleur parti possible de leurs biens fonds; au lieu
qu'il est nécessaire qu'une loi active et pré-
voyante veille à la conservation et à l'amélio-
ration des biens des bénéficiers, qui ne sont
qu'usufrutiers, et souvent dans un âge très-
avancé.

Il serait donc de la plus grande importance,
que chaque titulaire d'un bénéfice, ou enga-
giste à longs termes, fussent obligés, par les
actes mêmes de nominations ou de conces-
sions, de faire planter chaque année des arbres à fruit ou de service :

Ah! du moins plantez-en, puisqu'ils croissent sans vous.

de semer des bois; *qu'il ne leur fût jamais
permis de faire aucune coupe qu'après en
avoir semé et fait venir une égale quantité*
(à ce titre les permissions seraient bien justes) : il faudrait encore déterminer le nombre

d'arpens à défricher ; s'ils avaient des terres incultes, faire établir un certain nombre d'arpens de prairies artificielles ; faire marner les terres, et de toutes les obligations énoncées, en rapporter un certificat présenté aux agens généraux du clergé et aux assemblées provinciales, sous la peine de perdre une année de leur revenu après dix ans de possession.

Si les fermiers avaient un long bail à parcourir, ils exécuteraient bien volontiers toutes ces conditions avantageuses à l'état et aux cultivateurs. Les biens des ecclésiastiques sont le vrai patrimoine de la France ; la nation doit donc en espérer un soulagement. Puisse le clergé se pénétrer de ces vues utiles ! les heureux effets qui en résulteront, feront de plus en plus chérir ce premier ordre de l'état, qui peut concourir avec tant d'efficacité à l'agrandissement du domaine de l'agriculture, et qui, à l'assemblée des notables, a manifesté un zèle et un patriotisme si dignes de l'admiration et de la reconnaissance publiques.

§. II.

L'agriculture, en France, a été jusqu'à présent confiée aux intendans des provinces : les impositions, les corvées, les milices se réfèrent à eux, et c'est à leur tribunal que l'habitant de la campagne, malheureux par l'une d'elles, présente sa requête, ou toujours juste, ou du moins fondée sur des motifs compatissans, dignes de faire exception à la loi commune : souvent il a trouvé en eux des magistrats qui l'écoutaient avec bonté ; mais aussi combien de laboureurs qui n'ont pas même reçu une réponse d'un de leur commis ?

Je suis bien loin d'accuser d'indifférence aucun magistrat ; mais il est impossible de se dissimuler que la trop grande jeunesse de la plupart, sur-tout de ceux qui n'ont pu se former sous l'administration de leur père, a causé des désordres qu'ils eussent prévenus avec plus d'expérience. Il en faut pour connaître les abus qui se subdivisent à l'infini, et se métamorphosent même pour mieux séduire ; il en faut pour faire un choix de préposés intermédiaires, dont l'emploi a fait souvent le malheur d'une province et même de l'intendant; il en faut pour concilier les intérêts de l'état avec ceux des particuliers, toujours enclins à demander ; il en faut pour s'assurer si les subdélégués et les receveurs des tailles n'excèdent pas les bornes de la confiance, par leurs émissaires, appelés *garnisaires*, pour qui les malheurs d'autrui sont les revenus de leur cruel état ; enfin il en faut pour vérifier si un premier commis n'abuse pas de la confiance et de son style, pour indisposer des propriétaires qui réclament justice.

Toute cette provision de connaissances peut-elle se trouver dans la tête d'un jeune homme qui n'a opiné que pour quelques sentences ou jugemens au souverain, qui n'a eu que partiellement une administration très-facile à comprendre comme à exécuter? Combien d'abus ne doit-on donc pas craindre de l'admistration d'un jeune homme, dont le vice-pouvoir attributif a tant d'influence directe sur le sort du laboureur et de l'agriculture, et qui, à l'âge de 26 ou 27 ans, a comme tous les autres à se défendre des goûts et de l'orage des passions de la jeunesse? On ne peut donc s'empêcher de convenir qu'un noviciat d'administration pendant dix ans (ce qu'on exige pour des états biens moins importans) est indispensable.

Il n'y a pas de raisonnement qui puisse mieux justifier ces vérités que le fait suivant. Il existe en Europe plusieurs républiques bien moins considérables qu'une de nos provinces, dont le gouvernement est confié à des *pères conscrits,* qui, malgré leur vigilance, malgré l'exacte notoriété des lois, et malgré l'uniformité des opinions qui règnent parmi eux et le peuple, ne peuvent encore garantir la république de vexations ou d'abus assez importans pour exiger souvent de nouveaux réglemens ou des ordonnances interprétatives d'autres précédemment rendues.

Que cette administation comparative justifie bien le vœu unanime de tous les Français pour la création des assemblées provinciales! et que notre monarque aura bientôt à s'applaudir d'avoir écouté ses peuples, lorsqu'il les verra à l'abri des vexations, tranquilles et heureux!

§. III.

Depuis plusieurs années, les valets dans les campagnes vexent beaucoup les maîtres laboureurs : ils sont non-seulement très-difficiles, rares, peu laborieux, mais encore très-chers ; car outre leur nourriture, qui est celle du maître, ils gagnent aujourd'hui dans l'Orléanois, l'Auxerrois, au moins 150 liv. de gages, et les femmes 80 à 100 liv. ; de sorte qu'un malheureux fermier qui a une ferme de 5 à 600 liv. est obligé de donner autant à ses valets qu'à son maître. Déja le ministère a reçu des plaintes, et les sociétés d'agriculture ont été consultées sur les moyens d'y remédier.

Je ne sais ce qui peut avoir donné lieu à une telle révolution, vraiment affligeante pour l'habitant des campagnes. Seroit-ce au besoin qu'ils ont d'hommes de journées, parce qu'on a augmenté ou multiplié les travaux pour la culture des terres ? Seroit-ce par suite d'un vice d'agriculture, en ce qu'on y emploie deux hommes pour labourer, tandis qu'un seul suffirait comme par-tout ailleurs ? Seroit-ce à l'augmentation des denrées ? Seroit-ce donc les besoins d'un luxe plus considérable, en effet, qu'il l'étoit il y a 30 ans, ou plutôt ne serait-ce pas *le défaut de population?* Les laboureurs entourés d'une nombreuse famille auroient moins besoin de valets, leur besogne seroit mieux faite, comme l'est en effet celle de ceux qui ont plusieurs enfans. Le mariage effraie maintenant, par les suites de l'indigence et de la misère..... Puissions - nous voir bientôt de nouveaux encouragemens pour la population ! Ils sont, je crois, bien instans et bien nécessaires ; le bonheur et la force des états agricoles en dépend. Honorons les laboureurs ; engageons-les propriétaires, les seigneurs, les bénéfi-ciers, les évêques à rester dans les provinces, et bientôt notre agriculture sera riche et puissante.

§. IV.

Les redevances excessives qui se paient en nature aux seigneurs décimateurs, sont sans doute cause en beaucoup d'endroits que le paysan se décourage et ne cultive pas autant de terrain qu'il le feroit, si de six ou quatre gerbes il n'était obligé d'en donner une au seigneur, et de la conduire avant les siennes dans son château ou chez son fermier. Il serait à désirer certainement qu'il y eût une égalité dans les redevances en nature , comme il le serait qu'il n'y eût qu'une mesure en France. Mais il est impossible de songer à la destruction de ces droits , sans bouleverser ceux de la propriété, qui sont sacrés, et donner occasion à des troubles et des procès interminables. Cependant si la destruction est injuste et impossible, il me semble que la réduction n'entraîneroit aucun inconvénient. V. G.

Un particulier récolte 240 gerbes de blé : devant le terrage à raison d'une sur quatre , il en paie 60 à son seigneur, et il ne lui en reste que 180.

Si le seigneur consentait de réduire sa redevance sur le pied d'une sur douze, qui est je crois le taux commun , au lieu de recevoir 60 gerbes , il n'en aurait que 20 ; ce serait donc de 40 qu'il faudrait l'indemniser en rentes en argent ou en blé. *Le seigneur ne perdrait rien , le tenancier s'affranchirait d'une servitude excessive* (1) *, cul-*

____

(1) Les censitaires sont quelquefois obligés de faire deux lieues pour avertir de l'ouverture de la moisson , et autant pour conduire à la grange du seigneur les gerbes de terrages

tiverait davantage, et pour lui, et pour son seigneur. L'évaluation serait très-facile à faire dans le canton, et bientôt acceptée par le redevancier, ou il faudrait qu'elle fût bien exagerée. Je désire que cette idée puisse être utile, et que les assemblées provinciales la prennent en considération, pour la juger et la faire exécuter.

§. V.

Les lois coërcitives ont été et sont aussi funestes à l'agriculture, qu'un torrent débordé peut l'être aux moissons qu'il inonde. Défendre de semer ou de planter, ordonner d'arracher, sont des ordres et des défenses d'une inconséquence très-dangereuse, Lorsqu'on défendit de planter des vignes, et qu'on ordonna d'arracher les anciennes, cet ordre jeta l'effroi, et on n'osa pas le faire exécuter. Il eût été bien plus sage d'encourager le laboureur par quelques légères récompenses, ou même par quelques prérogatives.

---

avant les leurs. Il serait bien à désirer que les seigneurs voulussent consentir à des abonnemens; mais pour les faciliter, il faudrait les affranchir des droits fiscaux et seigneuriaux, sur-tout du franc-fief, quint et requint, etc. etc.

Que ces considérations devraient bien faire balancer les cours, lorsqu'elles prononcent des arrêts de rigueur pour les campagnes ! Ceux qui les sollicitent, surprennent sans doute la religion des magistrats par des exposés que le bien et le bon ordre paraissent avoir déterminés, mais qui, dans le fait et dans l'exécution, ne sont que l'effet d'une vengeance particulière, ou ont une cause d'intérêt caché de la part de ceux qui en ont imposé.

Il serait bien à désirer que les cours, lorsqu'elles rendent des arrêts de règlement, voulussent consulter les sociétés d'agriculture, dont les membres, connaissant plus habituellement et plus réellement le régime des campagnes, pourraient les éclairer et prévenir bien des contradictions, des injustices, bien des procès, des malheurs ; l'accord et le concours des amis et des protecteurs de l'agriculture, ne peuvent qu'être suivis des effets les plus heureux.

§. VI.

Des assurances à vie, pour avoir lieu dans tout le royaume. N'est-ce pas encore là un projet digne d'être compté au nombre des abus nuisibles à l'agriculture? Ce projet approuvé a sans doute des motifs d'utilité, puisqu'il est destiné à être mis à exécution; mais ces motifs peuvent-il l'emporter sur les dangereux effets qui pourraient en résulter?

Si on attire l'argent des provinces, où il n'est déja que trop rare, et où il est un million de fois plus nécessaire que dans les trésors de la capitale et des *assurans*, que deviendront donc les malheureux enfans d'un père, qui mourra après avoir jeté dans la caisse des assurans, ses économies de douze ou quinze années?

N'est-il pas à craindre qu'il épargne à son héritage des frais d'améliorations, à ses bâtimens des réparations, à ses enfans une éducation proportionnée à leur état? S'il met tout son numéraire dans les caisses *d'assurances*, comment pourra-t-il défricher des terrains incultes, dessécher des endroits marécageux, acheter des bestiaux, si une maladie ou une épidémie les enlève ; Comment paiera-t-il ses impositions, comment dotera-t-il et mariera-t-il ses enfans, si chaque année il porte

ses

ses épargnes dans une caisse d'assurances *pour sa vie?*

N'est-il pas à craindre que la flatteuse illusion d'avoir quelques cents livres de revenu de plus, que son héritage peut lui rapporter par an, ne lui fasse porter tous ses soins et les profits de son industrie à augmenter la perspective de cette spéculation?

N'est-il pas à craindre qu'il y en ait qui vendent leur bien, celui de leurs enfans, pour grossir le capital d'une rente à venir? que ce genre de spéculation ne porte à l'égoïsme ou au célibat? car c'est à-peu-près l'apanage des rentes viagères. Hélas! on ne commence que trop à connaître les fatales ressources de l'usure et des spéculations dans les provinces ; l'argent s'y prête en quelques endroits à un taux si excessif, qu'il s'élève à plus de trois pour cent au-dessus du revenu des biens fonds. Il n'est que trop à craindre qu'un pareil esprit se propage, et fasse d'un peuple agricole , un peuple banquier. O Rome....! ô Carthage.... ! quelle leçon vous avez donnée à l'univers, lorsque vous avez méconnu les richesses de l'agriculture, pour ne favoriser que l'or et l'argent.

N

La capitale n'a déjà que trop de moyens pour attirer et le peuple (1) et l'argent des provinces dans tous ses trésors, au préjudice de l'agriculture, qui, comme il a déjà été dit, n'y peut devenir florissante qu'en excitant les propriétaires par quelques motifs d'intérêt ou d'honneur, d'aller habiter leur terre.

L'argent bien également distribué dans toutes les provinces, est comme une rosée bienfaisante qui anime et vivifie toute la nature : toutes les fois qu'il est arrêté par des spéculations étrangères à l'agriculture ou au commerce, ou perdu pour la circulation dans le royaume, il cause autant de mal que sa présence eût pu faire de bien.

Le roi qui aurait tous les trésors de la terre, serait le plus pauvre et le plus faible de tous ; ou pour exprimer cette vérité d'une autre manière, mais la même dans ses effets, le royaume où le prince confie ses richesses

______

(1) Il y a à Paris quatorze spectacles et quelquefois plus ; il y en a sept à huit seulement pour le peuple : que d'heures de travail perdues, sans compter le reste !

à ses peuples, est plus heureux et plus puissant que tous ceux qui entassent autour
d'eux les trésors de leur peuple.

Le point capital est donc de tâcher d'en
effectuer la distribution et la circulation,
comme étant le seul moyen de faire fleurir
l'agriculture et le commerce, d'écarter tous
les projets qui tendent à en appauvrir les
provinces, et à enrichir à leur préjudice cinq
à six particuliers qui deviendront millionai-
res, sans avoir un arpent de terre, et qui,
dans la balance d'une sage politique et de la
raison, sont moins réellement utiles à l'état,
que le villageois qui sème et cultive un arpent de chanvre, ou trame quelques aunes
d'étoffe de la laine de son troupeau, ou de
celui de son voisin.

Eh! que les spéculateurs s'exercent plutôt
à inspirer l'amour du travail et de la vie
champêtre, que celui de l'argent ; qu'ils s'occupent plutôt à favoriser le commerce national, s'ils veulent bien servir leur patrie.

L'homme qui s'occupe trop et n'agit que
pour l'argent, n'a d'existence proprement

dite que pour ce fatal métal ; mais le cultivateur est attaché à sa patrie comme à son
héritage : l'un est toujours inquiet ou malheureux, souvent même il est fourbe et vicieux ; l'autre cultive en paix son champ ; le
renouvellement de chaque saison renouvelle
aussi ses plaisirs, ses richesses, ses jouissances
pures et variées : plein de confiance en la
providence, il vit calme et tranquille, en
attendant l'époque des récoltes qui doivent
le nourrir lui et sa famille ; il bénit et son
Dieu et son Roi, il chérit ses enfans, leur
inspire l'amour du travail et de la vertu en
leur en donnant l'exemple ; enfin sa carrière,
ordinairement très-longue, finit comme le
soir d'un beau jour.

CONCLUSION.

Combien d'autres abus locaux fomentés
et entretenus par les restes de la féodalité,
ou par une jurisprudence antique qui eût dû
changer avec le tems ! Combien d'abus éma-
nés des dispositions bizarres et cruelles des
coutumes, qui dépouillent huit ou dix enfans
pour en enrichir un seul, fût-il sot, paresseux ou libertin ? Enfin, combien d'abus qui

régnent ou se cachent dans l'obscurité , parce qu'ils craignent le grand jour , et qui sont excités par la supériorité des rangs , des commissions , ou par les droits , les exemptions des charges, dont la vénalité seule a donné l'investiture? Vénalité bien étrange ! et honteuse pour la nation Française , si les besoins d'argent, qui excluent quelquefois tout raisonnement, ne les avaient créées. Un grand homme d'état a dit : « Les récompenses sont dues aux actions, et les places à la capacité ? Voilà ce que disent la raison et la justice » (1).

____

(1) Cette observation , au surplus, n'est pas nouvelle, ainsi qu'on en peut juger par le vingt-unième article proposé par les états-généraux tenus à Blois, à la conférence du 3 mai 1616 , (conférence trop mémorable, hélas ! On y demandait qu'il fût fait des recherches contre ceux qui avoient participé au détestable parricide de Henri-le-Grand...).

Art. 21 proposé.	Réponse par les députés du roi.
« Oster le droit annuel, et faire cesser la vénalité des états et offices, tant de la couronne que de la maison du roi, des charges militaires et gouvernemens des provinces et des villes , de tous offices	« La résolution d'ôter le droit annuel, la vénalité même des offices et suppression par mort, les surnuméraires, avait été prise par Sa Majesté, et la voulait faire exécuter sans remise à l'issue des états-géné-

Si la diversité du régime des provinces,
si d'autres circonstances nécessaires à étudier
et à connaître, empêchent de faire disparaître

---

de judicature et des finances,
pour vacation advenant, y estre pourvu gratuitement, après
que lesdits offices auront été
réduits à l'ancien nombre, suivant le contenu aux cahiers
des états-généraux touchant
les suppressions.

raux ; mais ayant été suppliée
instamment par tous les officiers de son royaume, et principalement par les cours sou-
veraines, d'en remettre l'exécution à quelque temps, pour
les raisons contenues esdites
remontrances, elle l'accorde
jusqu'à la fin de l'année 1717,
après lequel temps, elle entend
et veut que l'édit fait dès-lors,
soit présenté en tous ses parlemens et autres cours sou-
veraines, et d'iceux sans jamais y contrevenir ; dont seront dès-à présent expédiées
telles déclarations qui seront
nécessaires ; mais Sa Majesté
entend que dès maintenant la
vénalité de tous les offices et
charges, tant militaires que
de sa maison, et généralement
tous autres qui n'avaient accoutumé d'estre des parties
casuelles, soient et demeurent
interdits et prohibés, et que
ceux qui y contreviendront
soient à jamais déclarés infa-
mes, et incapables d'y parvenir.

maintenant tous ces abus, il en est du moins qu'il est important de ne pas différer de détruire ; ce sont ceux que j'ai déja exposés, et que je vais rappeler très-succinctement.

Il est nécessaire autant qu'utile d'honorer le laboureur, et de le venger d'un avilissement injuste et absurde : l'honneur dans tous les états donne de l'énergie, et sur-tout aux Français ; eh ! qui mérite plus le soin de l'exciter, que ces bons et honnêtes laboureurs et cultivateurs dont le travail nous fait vivre, et dont l'industrie est la source et le foyer de nos richesses les plus réelles.

Quelle contradiction dans nos opinions ! Nous honorons, nous distinguons, nous prodiguons des récompenses à des artistes, à des... à des... et nous élevons à peine nos

---

L'art. 22.	Réponse à l'art 22.
« Qu'il ne soit baillé à l'avenir, aucune survivance *ni rescrits de ses états, charges et offices.* »	« Le roi trouve bon et ne donne aucun rescrit ni survivance, afin d'avoir plus de moyens de récompenser les véritables mérites de ceux qui le serviront fidélement. »

Extrait d'un manuscrit de ce temps.

regards sur les citoyens chargés du soin de reproduire les denrées de première nécessité, sur des citoyens revêtus encore de la robe de l'innocence et d'une touchante candeur, compagnes inséparables de la simple nature. Hélas ! ils n'envient point aux citadins leur luxe, ni l'étalage magnifique des beaux arts, ni leur perfide politesse, ni leur esprit de calcul, ni ... ni ... ; mais du moins ils sollicitent avec attendrissement l'allègement des impôts, dont le fardeau les met hors d'état de payer le juste tribut qu'ils doivent à leur roi et à leur patrie. Ah, puissions-nous voir bientôt changer le régime des tailles !

J'ai cru qu'une dîme royale détruirait l'arbitraire de l'imposition ; source intarissable d'abus et de vexations : la rareté de l'argent dans les campagnes m'a sur-tout déterminé, ainsi que le vœu de plusieurs citoyens respectables.

J'ai cru qu'un arpentement général, *confié aux paroisses même,* pourroit seul détruire cette inégalité qui désespère et accable le cultivateur, en ce qu'ayant à répartir *une somme fixe ou abbonée et acceptée par le ministère ,* tous les propriétaires seroient intéressés à veiller aux répartitions; mais à condition néanmoins que le régime de l'un et de l'autre seroit soumis aux assemblées provinciales, parce qu'elles seules peuvent attaquer et détruire avec fruit la tyrannie des abus , apprécier les effets de la taille personnelle , que tout porte à croire nuisible aux arts , aux métiers , au commerce et à l'agriculture, et éviter les écueils des vexations. Les propriétaires , dans l'hypot'èse actuelle , seroient *les seuls vérificateurs,* et il n'y auroit point d'abus. Dans l'hypothèse d'un abonnement, l'arpentement seroit rarement nécessaire; le coup-d'œil des propriétaires voisins, mettroit souvent les propriétaires intéressés dans le cas de ne pas en imposer *sur la quotité.*

J'ai dit à ce sujet ce que m'ont suggéré mes observations , auxquelles j'ai d'autant plus de confiance , qu'ayant passé une grande partie de ma vie dans la province , je n'ai que trop apperçu les désastres des impôts. Ah ! si entraînées par l'habitude , par antipathie pour les innovations , quelques personnes inclinent pour cette horrible taille arbitraire , que le recouvrement des impositions, si elles le connoissent bien , les porte du moins à accueillir un régime qui établisse de manière ou d'autre l'égalité dans les répartitions, et les moyens de payer sans contraintes les contributions.

Qu'elles s'attendrissent sur les vexations d'un peuple bon et généreux, qu'on opprime en levant les deniers pour le père de la patrie ; et si elles prêtent l'oreille aux langages insidieux , aux sophismes de ceux que les abus enrichissent , qu'elles se fixent au moins sur cette pensée : » La France est le » seul pays où les impôts sont abitraires. »

J'ai exposé la dévastation de la gabelle, de cet impôt funeste qui a fait frémir notre monarque , et ces augustes frères , lorsque les notables en ont (graces au ciel !) révélé tous les ravages ; impôt que le principal ministre et le chef de la magistrature ont unanimement qualifié *d'impôt désastreux* dans leur discours. L'horreur qu'il m'a toujours inspirée , et qu'augmentait encore l'impression qu'il avait faite sur nos princes, m'a fait choisir un pinceau vigoureux ; mais la chose seule , sans doute, a été le but de mes observations.

Je n'ai rien exagéré pour peindre tout le mal qu'a fait la gabelle ; il est au dessus de toute expression.

Parmi les abus essentiels , j'ai classé encore les *droits de parcours* , et les défenses de clorre ses héritages. Pourrais - je m'être trompé ? J'ai emprunté le langage de tous les cultivateurs et des protecteurs de l'agriculture. Pourrais - je m'être trompé , quand la raison et l'expérience se trouvent d'accord avec des témoignages unanimes et non suspects?

J'ai tâché de démontrer l'utilité de l'art vétérinaire, et de sa réunion avec la chirurgie ; le bonheur et l'aisance du cultivateur pauvre, comme du riche, dépendent de la conservation et de la multiplication des bestiaux : la moindre perte est sensible et fâcheuse , et lorsqu'une épidémie les enlève , c'est une vraie calamité , de laquelle on ne peut se relever qu'après bien des années.

Les bestiaux sont la principale richesse de la France et de tout pays agricole. Leur commerce principalement répand quelque argent dans les hameaux ; le régime des traites s'oppose encore à la fréquentation d'une province à une autre, réputée, en terme du métier, *pays étranger ;* mais il faut espérer que les assemblées provinciales solliciteront l'abolition de ces entraves. Une telle branche du revenu national, n'a-t-elle pas besoin de la protection et des secours de l'art vétérinaire, dont l'ignorance des remèdes et des soins peut livrer des milliers de citoyens à l'infortune, et l'état à un déficit de revenu considérable? *car sans bestiaux point d'agriculture.*

La suppression, ou des changemens dans le mode et la perception du droit de franc-fief, m'ont également paru favoriser essentiellement l'agriculture, en ce qu'il expose les possesseurs de fiefs à des exactions et au paiement de sommes exorbitantes.

Il est sur-tout bien funeste aux cultivateurs paysans, pour qui il est si indifférent d'avoir une *girouette* sur leur rustique toit : il arrête les progrès des défrichemens, comme je l'ai fait voir ; il ajoute à la masse des impositions, de ceux sur-tout qui peuvent faire des avances ou d'utiles efforts, et devenir les modèles de ceux que la *routine* retient, et qui agiraient en voyant *l'exemple*; enfin il gêne considérablement le commerce des terres, qui, pour fructifier, veut être LIBRE.

L'exportation et la libre circulation des grains, seront incontestablement favorables au développement des progrès de l'agriculture; cette vérité ne saurait trouver de contradicteurs : le régime seul donc effraie, et les *suites* sont, pour les partisans de l'inexportation, un argument sans réplique en leur faveur. Mais que cette opposition est contraire à la raison comme à l'intérêt général ! Elle entrave nécessairement la culture des terres, puisque tous les blés sont destinés à une consommation locale ; elle expose même les peuples à la misère ou à la famine ; car moins il y a de terres cultivées, moins il doit y avoir de blé : de cette conséquence vraie et palpable, ils s'ensuit qu'une gelée peut anéantir nos récoltes, et nous livrer aux durs expédiens de recourir à l'étranger, et d'éprouver des crises populaires qui font frémir.

Les vignes n'occupent pas la quatre-vingt-

quinzième partie de notre territoire cultivé,
et cependant le commerce des vins jouit d'une
liberté absolue. Déja on m'objecte que le vin
n'étant pas une denrée de première nécessité,
l'exportation en est indifférente pour le peuple. Mais le monopole n'est pas moins à craindre pour les vins que pour les blés ; car les
monopoleurs, si toutefois il en existe, auraient un genre de spéculation bien plus sûr
et bien plus lucratif, en acaparant les vins
dans une année de disette : avec moins d'argent, et de concert avec les marchands étrangers, ils pourraient mettre les bourses des
riches et des aubergistes à contribution. A-t-on
jamais éprouvé une telle révolution ? La vigilance du gouvernement, qu'augmente encore
le zèle patriotique des assemblées provinciales, arrêterait bientôt ces détestables projets.

L'entière liberté dont jouit le commerce
des vins fait sa tranquillité et la richesse des
vignobles qui en exportent. Eh quoi! l'exemple de tant de nations et de républiques même,
non moins *jalouses* et non moins *intéressées*
que nous à veiller à la subsistance des peuples, et qui n'éprouvent jamais ni famine ni
disette, ne pourra pas vaincre une obstination

fondée sur quelques faits isolés, indigne, d'influer sur une opération aussi importante !

Imitons donc l'exemple de l'Angleterre, si attentive à maintenir ce genre de commerce, en favorisant la culture des terres : un pareil exemple ne peut jamais nous égarer ; la raison et l'expérience en sont les garans.

Outre ces principaux abus, j'en ai exposé d'autres qui ne sont pas moins dignes de fixer l'attention publique, tels que de changer le régime des dépôts de mendicité, d'employer les mendians déterminés aux défrichemens, et d'être plus réservé sur la largeur des routes.

J'ai cru utile enfin d'appeler MM. les curés à coopérer à l'encouragement et à la perfection de l'agriculture ; d'augmenter la durée des baux, et sur-tout de proscrire à jamais les lois prohibitives et coërcitives du code de l'agriculture.

J'ai dit enfin ce que mes réflexions, long-temps méditées, et ma conscience m'ont inspiré pour le bonheur des laboureurs, des cultivateurs et de ma patrie.

O LOUIS XVI! chaque année de votre règne a été marquée par une époque mémorable qui a attesté votre bienfaisance. Vous avez aboli dans vos domaines une servitude féodale qui accablait une partie de vos sujets.

Vous avez détruit, avec un saint frémissement, l'usage de la question dans tous les tribunaux; usage barbare et inoui, qui avait sacrifié tant de victimes innocentes. Votre bonté paternelle me porte à prédire que bientôt vous ordonnerez des changemens dans le code criminel : l'innocence exposée à de fatales formalités vous en conjure.

Vous avez soulagé l'humanité souffrante, en espaçant, dans l'hôtel-dieu, de malheureux infortunés, qui succombaient plutôt par un air fétide et corrompu, que par l'excès de la maladie.

Votre généreuse pitié n'a pas été satisfaite : vous avez ordonné la construction de quatre hôpitaux, où le pauvre puisse trouver un

asyle

asyle salubre dans sa vieillesse ou dans ses malheurs.

Votre bienfaisante puissance a donné la liberté, l'indépendance et la paix au peuple Américain, qui, en bénissant votre nom, a quitté les armes meutrières, pour reprendre la charrue et son commerce.

Vous avez rappelé les petits fils de ceux qui avaient si bien servi votre auguste aïeul; votre édit a manifesté à vos peuples, à l'univers, JUSTICE et TOLÉRANCE, vertus inséparables de la prospérité de tous les états.

Vous avez ordonné DES ASSEMBLÉES PROVINCIALES! c'est annoncer à vos peuples, que vous voulez détruire l'arbitraire de la taille et l'inégalité des répartitions; abolir les désastres de la fatale gabelle et découvrir la chaîne incommensurable d'abus qu'elles seules peuvent détruire ou modifier, en conciliant l'intérêt de l'état et du peuple en particulier qui gémit sous leur poids.

Le jour que vous les avez ordonnées sera bientôt une fête annuelle dans tout le royaume;

et des monumens publics en attesteront l'é-
poque à la postérité.

Vous allez rendre heureux et tranquilles
vos bons paysans qui vous aiment, qui vous
adorent et ne cessent de vous invoquer quand
les traitans les vexent. *Ah! si le Roi le savait,*
est la seule réponse qu'ils font, sans murmure
ni violence, aux contraintes qu'ils éprouvent.

Comme Henri IV, vous allez venir au secours de ces bons et honnêtes laboureurs, qui,
tous les dimanches et fêtes, se réunissent avec
leur pasteur pour adresser au ciel une prière
simple et fervente, pour la prospérité de votre
règne.

Quelles délices pour un roi de pouvoir se
dire :

Par-tout dans ce moment on me bénit, on m'aime !

TABLE
DES MATIERES.

TABLE DES MATIERES.

APPROBATION.

J'ai lu, par ordre de Monseigneur le Garde des Sceaux, un manuscrit qui a pour titre : *Recherches sur les principaux abus qui s'opposent aux progrès de l'Agriculture , par M. ROUGIER DE LABERGERIE ;* j'estime que cet Ouvrage, qui respire le patriotisme et un grand intérêt pour le bonheur des Cultivateurs, est très-digne de l'impression. A Paris, ce 13 mars 1788.

PARMENTIER.

ERRATA.

Page 4, *ligne* 15, dessous, *lisez* dessus.

Page 26, *ligne* 2, du décimateur, *lisez* des décimateurs.

Page 30, *ligne* 8, de se priver, *lisez* pour se priver.

Idem, *ligne* 10, il y a eu, *lisez* il y a.

Page 42, *ligne* 9, qui ne sont, *lisez* qui ne se sont.

Page 50, *ligne* 10, ▬▬▬▬▬▬▬▬

Pages 78 et 80, manœuvre, *lisez* manouvriers.

Page 92, *ligne* 17, l'appliquer, *lisez* s'appliquer.

Page 110, *ligne* 5 orders, *lisez* ordres.

Idem, *ligne* 11, concentré, *lisez* concentrée.

Page 113, *ligne* 11, fics, *lisez* fisc.

Page 115, *ligne* 16, n'avaient eu, *lisez* n'avaient.

Page 160, *ligne* 1re, occuper réellement, *lisez* occuper ceux qui font réellement.

P